INSTRUCTION

SUR

LA RÈGLE A CALCUL.

CHALONS-SUR-MARNE,
IMPRIMERIE DE T. MARTIN, PLACE DU MARCHÉ-AU-BLÉ, 54.

INSTRUCTION

SUR LA

RÈGLE A CALCUL

PAR

INGÉNIEUR DES TRAVAUX, EX-PROFESSEUR DE MÉCANIQUE INDUSTRIELLE
A L'ÉCOLE IMPÉRIALE DES ARTS ET MÉTIERS DE CHALONS-SUR-MARNE.

Quatrième édition.

PARIS,
A la librairie centrale des Sciences, rue de Seine-Saint-Germain, 13.
ET CHEZ
GRAVET, SUCCESSEUR DE LENOIR,
Fabricant de règles à calcul et d'instruments de mathématiques,
rue Cassette, 14.

1859.

PRÉFACE.

La règle à calcul n'est autre que la table des logarithmes, sous la forme la plus simple et la plus commode ; elle permet de faire des calculs, même compliqués, avec une rapidité extrême et toute la précision désirable dans le plus grand nombre de cas; aussi devrait-elle être entre les mains de quiconque a des chiffres à tracer.

Pourquoi donc a-t-elle été, jusqu'à ces derniers temps, si peu employée en France? Cela tient sans doute à un peu de routine et à la difficulté, plus apparente que réelle, d'apprécier la valeur décimale des résultats qu'elle indique si rapidement (1).

J'ai rédigé cette instruction pour faire connaître des méthodes simples, uniformes, applicables aux nombres entiers et décimaux, et dans toutes les opérations usuelles; elles sont enseignées depuis plusieurs années à l'Ecole d'Arts et Métiers de Châlons, et font acquérir à nos élèves une prompte habitude de l'instrument.

Les lecteurs les apprécieront, je crois; je leur signale surtout la simplicité des règles relatives aux proportions, aux puissances et aux racines.

Je n'ai pas expliqué la *théorie* de la règle, ni des opérations effectuées. Inutile à mon sens pour quiconque a des notions sur les logarithmes, elle serait fatigante pour qui n'en possède pas: telle

(1) Aujourd'hui que l'usage de la règle est prescrit tant dans les écoles spéciales, que dans les établissements universitaires, la pratique ne tardera pas à s'en répandre.

qu'elle est, je crois cette Instruction à la portée des personnes le moins habituées aux développements théoriques, quoique familiarisées avec la pratique des opérations usuelles.

J'ai donné pour les divers cas des exemples choisis dans l'ordre des problèmes de la pratique ordinaire, et inséré à la fin du livre un certain nombre de formules fréquemment employées.

Il y a déjà un certain nombre de bons écrits sur la même matière ; on les consultera avec fruit, comme je les ai consultés moi-même. Si j'ai fait imprimer celui que je présente aujourd'hui, c'est dans la pensée qu'on y trouvera quelques indications nouvelles, que j'ai essayé de rendre simples et exactes, comme l'exige un emploi fructueux de la règle à calcul.

Dans cette quatrième édition, je me suis attaché, comme dans les précédentes, à rendre l'emploi de la règle aussi simple et pratique que possible. A la demande qui m'en a été faite, j'ai multiplié les formules usuelles de géométrie et de mécanique insérées à la fin de la 1re édition. Je serai heureux d'avoir pu contribuer dans une certaine mesure à propager l'emploi d'un instrument dont j'apprécie personnellement à toute heure l'utilité et la simplicité.

Règle.

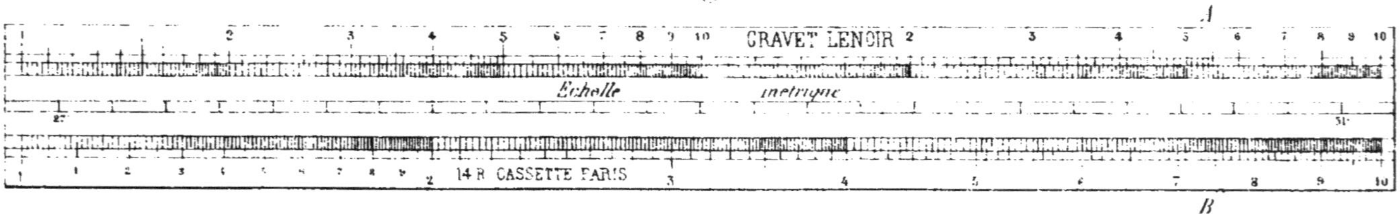

A

CRAVET LENOIR

Échelle métrique

14 R. CASSETTE PARIS

B

Coulisse.

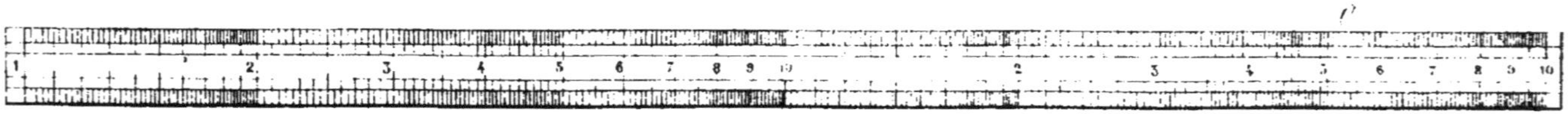

C

INSTRUCTION

SUR

LA RÈGLE A CALCUL.

1. La Règle à calcul permet de faire très-rapidement, et avec une suffisante approximation pour les cas habituels de la pratique, la plupart des opérations de l'arithmétique, autres que l'Addition et la Soustraction, et de ses applications à la Géométrie, à la Mécanique, aux Constructions.

Cet ingénieux instrument est formé de deux pièces (1) :

1° De la *règle* proprement dite, A B, analogue au double décimètre ordinaire, et partagée symétriquement par une rainure longitudinale ;

2° D'une *coulisse*, C, glissant sans jeu dans la rainure, et maintenue latéralement par une languette.

On manœuvre cette coulisse à l'aide d'une encoche ou d'un petit bouton métallique.

2. La partie supérieure A de la règle porte deux échelles pareilles, à la suite l'une de l'autre, et divisées de gauche à droite en neuf parties principales, correspondant à dix traits, sur lesquels sont inscrits les chiffres, 1, 2, 3, ... 7, 8, 9, 10; ce dernier nombre correspondant au premier trait de la seconde échelle.

Ces divisions ne sont pas égales, comme dans les échelles ordinaires, elles décroissent rapidement suivant une certaine loi.

C'est sur le mécanisme de ces divisions qu'est fondé l'emploi de la règle pour les calculs (2).

(1) Pour suivre cette Instruction avec fruit, il est indispensable d'avoir entre les mains une règle à calcul.

(2) Toutes les longueurs comptées à partir de 1 sont proportionnelles aux logarithmes des nombres que représentent les divisions.

La coulisse porte deux échelles identiques avec les précédentes ; les divisions sont marquées à la fois sur les deux arêtes longitudinales, et se trouvent ainsi en regard des deux parties de la règle que sépare la rainure.

Sur la partie inférieure B de la règle, se trouve une seule échelle, semblable aux précédentes, mais d'une longueur double.

Dans les règles le plus habituellement en usage, la longueur des échelles est de $0^{m}125$, et de 0,25 pour l'échelle inférieure. Cette longueur est, au reste, tout-à-fait arbitraire ; et l'on construit des règles d'une dimension quelconque, en observant la même loi de division.

La règle déborde les échelles de chaque côté, pour que l'usé dans les bouts n'influe pas sur les divisions. Sa longueur est de $0^{m}26$.

Subdivision des échelles.

3. Les divisions principales sont subdivisées chacune en dix parties, qui suivent une loi de décroissance, comme les premières.

L'ordre de ces subdivisions n'est pas indiqué par des chiffres ; mais il faut y suppléer et les considérer comme portant, de chaque division principale à la suivante, les indications 1, 2, 3,. . . 7, 8, 9 ; comme cela a lieu entre les divisions principales 1 et 2 de l'échelle inférieure, dans les règles que construit M. Gravet.

Les divisions du deuxième ordre devraient être subdivisées, comme les précédentes, en dix parties ; mais, comme la confusion serait inévitable, on a dû se borner à les subdiviser en *cinq*, du n° 1 jusqu'au n° 2 ; et en *deux*, depuis le n° 2 jusqu'au n° 5 ; du n° 5 au n° 10, il n'y a pas de divisions du 3e ordre.

Dans l'échelle inférieure, qui présente des intervalles doubles, les divisions du 3e ordre sont plus multipliées. Il y en a *dix* du n° 1 au n° 2, *cinq* du n° 2 au n° 4 (1), et *deux* dans le reste de l'échelle,

4. Le premier 1 de la coulisse, qui indique habituel-

(1) Et pour certaines règles, du n° 2 au n° 5.

lement les nombres dans les calculs, se nomme l'*indicateur*. On désigne au besoin les autres 1, qui jouent parfois le même rôle, en disant : le 1er, le 2e, le 3e indicateur de telle ou telle échelle.

5. Indépendamment des échelles que nous avons décrites, la règle porte sur le côté une graduation métrique ordinaire, qui se continue dans le fond de la rainure ; ce qui permet, en alongeant la règle au moyen de la coulisse, de mesurer des longueurs jusqu'à 0^m51 environ.

Le revers de la coulisse porte une graduation particulière se rapportant aux logarithmes et aux lignes trigonométriques, et dont nous parlerons plus loin, ainsi que des nombres inscrits sur le revers de la règle.

INDICATION DES NOMBRES SUR LA RÈGLE.

6. L'indication d'un nombre sur la règle est indépendante de la valeur décimale de ses unités, ou de la position de la virgule : ainsi, les nombres 2, 20, 20,000, 0,2, 0,0002, 0,0000002, qui dérivent les uns des autres par l'addition ou la suppression de zéros sur la droite, ou par le déplacement de la virgule, correspondent sur la règle à un même trait de division.

Divisions principales.

7. Les traits des divisions principales désignent, dans chaque échelle, les nombres, 1, 2, 3,.... 7, 8, 9 et tous leurs dérivés, multiples ou sous-multiples décimaux. Ainsi, le trait 4 désigne l'un quelconque des nombres dérivés : 4, 40, 40,000, 0,4, 0,04, 0,00004, etc.

Le trait 9 désigne pareillement les nombres 9, 90, 9000, 0,9, 0,0009, etc.

Les nombres dérivés, 300, 30, 3, 0,3 0,0003, etc., sont tous indiqués par le même trait n° 3.

Divisions du deuxième ordre.

8. De la division principale 1 ou 10, à la division principale 2 ou 20, les traits intercalaires du 2e ordre désignent les nombres intermédiaires, 11, 12, 13,... 17, 18, 19, et leurs dérivés.

Ainsi, le cinquième trait désigne les divers nombres dérivés, 15, 150, 150,000, 0,15, 0,0015, 0,0000015.

Les dérivés 18, 1,8, 0,00018, 180, 18,000, etc., sont indiqués par le huitième trait intercalaire.

De la division principale 2 ou 20, à la division 3 ou 30, les nombres intermédiaires, 21, 22, 23,... 27, 28, 29, et tous leurs dérivés, sont désignés de même par les traits intercalaires du 2e ordre.

Ainsi, les nombres 26, 2,600, 0,26, 0,00026, sont indiqués par le sixième trait intercalaire, entre 2 et 3.

Il en est de même pour le reste de l'échelle.

Ainsi, 85 et ses dérivés seront indiqués par le cinquième trait intercalaire, entre 8 et 9.

Divisions du troisième ordre.

9. De la division principale 1 ou 100, à la division principale 2 ou 200, les traits des divisions du 3e ordre au nombre de *cinquante*, désignent les nombres intermédiaires de *deux* en *deux*, c'est-à-dire 102, 104.. 108... 112, 114.... 118..... 142.. 148... 176, 178..... 198.

Ainsi, le nombre 126 et ses dérivés, 1,26, 0,0126, etc., sont indiqués par le troisième trait intercalaire, entre 12 et 13.

Le quatrième trait intercalaire, entre 18 et 19, indique 188 et tous ses dérivés, 1,88, 18,80, 0,0188, etc.

De la division 2 ou 200 à la division 3 ou 300, les traits des divisions du 3e ordre au nombre de *vingt* seulement, désignent les nombres intermédiaires de *cinq* en *cinq*, c'est-à-dire 205, 215, 225, 235... 265.... 295.

Il en est de même jusqu'à la division 5 ; au-delà, il n'y a pas de divisions du 3e ordre.

10. Il résulte des développements ci-dessus, qu'on peut indiquer et lire exactement sur la règle les nombres entiers de 1 à 100, ainsi que tous leurs dérivés, multiples ou sous-multiples décimaux.

Qu'on indique seulement de deux en deux, les nombres entiers compris entre 100 et 200 ; et de *cinq* en *cinq*, les nombres entiers compris entre 200 et 500.

Quant aux nombres intermédiaires, et aux nombres qui

dépassent 500, il faut suppléer au manque de divisions par une estimation à vue et approximative.

L'erreur d'appréciation dépasse rarement 1/500e, et elle est ordinairement moindre.

Exemples :

Nous indiquerons les nombres dans l'échelle supérieure, en plaçant l'indicateur au-dessous de la position correspondante.

Indiquer le nombre 545.

Ce nombre est compris entre 540 et 550, qui sont l'un et l'autre indiqués sur la règle par un trait.

Placez l'indicateur entre ces deux nombres, et vers le milieu (1) de l'intervalle qui les sépare.

Indiquer 117.

Placez l'indicateur vers le milieu de l'intervalle entre 116 et 118, indiqués l'un et l'autre sur la règle.

Indiquer 1247.

Ce nombre est compris entre 1240 et 1260, marqués tous les deux sur la règle. Placez l'indicateur vers le tiers de l'intervalle correspondant.

Indiquer 47865.

Séparez les trois chiffres de gauche 478, et négligez la partie 65 ; mais comme elle excède 50, augmentez 478 d'une unité, et indiquez 479 en plaçant l'indicateur vers les quatre cinquièmes de l'intervalle entre 475 et 480.

Indiquer 118215.

Séparez les quatre chiffres 1182, et négligez le reste ; placez l'indicateur dans l'intervalle de 118 à 120, un peu au-delà de 118.

(1) Nous disons *vers le milieu*, attendu que les subdivisions suivent une loi de décroissance. L'usage de la règle donne à cet égard une grande exactitude d'appréciation.

Nombres décimaux.

11. Dans le cas de nombres décimaux, agissez comme pour les nombres entiers, sans avoir égard à la virgule.

ÉCHELLE INFÉRIEURE.

12. Les nombres s'indiquent et se lisent de la même manière sur l'échelle inférieure ; mais les divisions étant plus multipliées, on peut y indiquer exactement tous les nombres entiers consécutifs jusqu'à 200 ; de *deux* en *deux*, entre 200 et 400, et de *cinq* en *cinq* entre 400 et 1,000.

Il est tout-à-fait essentiel d'être bien familiarisé avec la lecture et l'indication des nombres sur la règle, avant de s'en servir pour les calculs. C'est le manque d'habitude à cet égard qui rend seul l'emploi de la règle un peu pénible pour les commençants.

Emploi de la Règle pour les Calculs.

13. Les opérations de calcul qu'on peut faire avec la règle sont : *la multiplication, la division, les proportions, les diverses règles de trois, d'intérêt, etc., la formation des carrés et des cubes, l'extraction des racines carrées et cubiques, et toutes les applications qui dérivent de ces opérations principales.*

Les plus importantes, parce qu'elles se répètent souvent, sont : *la multiplication, la division, les proportions.*

Nous faisons observer que tous les résultats indiqués dans les opérations suivantes sont tels que les indique la règle. On pourra juger ainsi du degré d'approximation obtenu.

Multiplication.

14. EXEMPLE : *Multiplier* 3 *par* 2.

Placez l'indicateur au-dessous du facteur 3, et lisez

le résultat **6** dans l'échelle supérieure, au-dessus du facteur **2**, pris dans la coulisse.

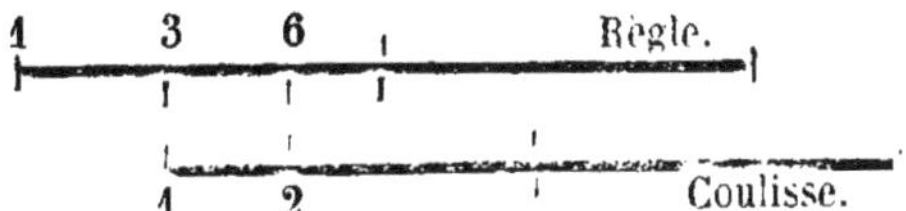

Multiplier 9 *par* 4.

L'indicateur étant placé au-dessous du facteur 9, lisez le résultat 36, au-dessus du facteur 4, pris dans la coulisse.

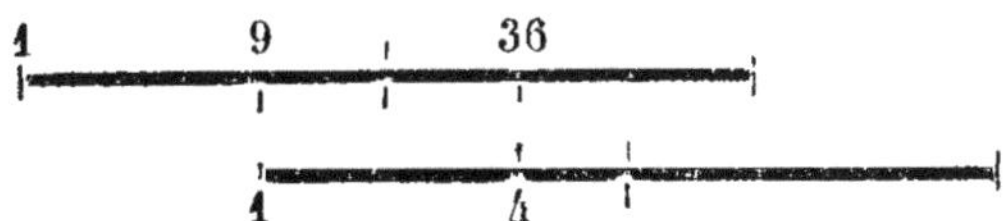

Nombre des chiffres du résultat.

15. Le résultat contient autant de chiffres que les deux facteurs ensemble, ou un de moins. La règle indique les deux cas.

Quand le produit se trouve sur la même échelle que le second facteur, comptez un chiffre de moins qu'il n'y en a dans les deux facteurs ensemble.

Premier exemple ci-dessus : $3 \times 2 = 6$.

Quand le produit tombe sur une autre échelle, comptez la somme entière.

Second exemple ci-dessus : $9 \times 4 = 36$.

Multiplier 42 *par* 17.

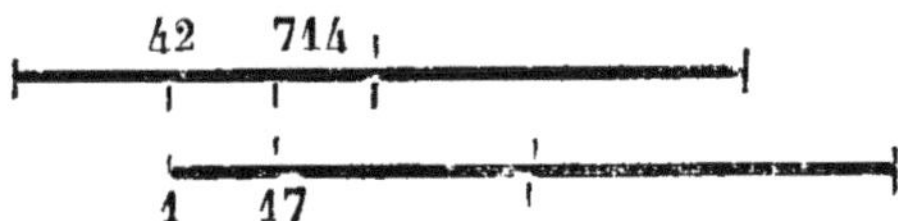

L'indicateur étant placé sous 42, le facteur 17 et le

résultat 714 placé au-dessus sont tous deux dans la première échelle de la coulisse et de la règle. Le résultat contient donc un chiffre de moins qu'il n'y en a dans les facteurs ensemble, c'est-à-dire trois.

Ainsi $42 \times 17 = 714$.

Remarque. Le chiffre 4, qui n'est indiqué qu'approximativement sur la règle, est déterminé par le produit $7 \times 2 = 14$ des deux derniers chiffres des facteurs.

Cette indication sert pour tout produit de trois chiffres, et même de quatre, si le premier chiffre à gauche est 1.

Multiplier 315 *par* 526.

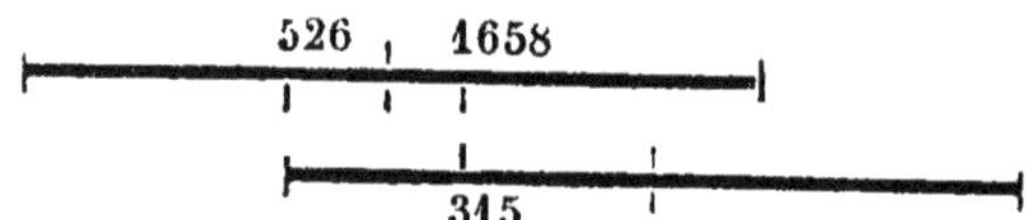

L'indicateur étant placé au-dessous de 526 (approximativement), le résultat, lu au-dessus du facteur 315, première échelle de la coulisse, tombe visiblement sur la seconde échelle de la règle. Le produit contient donc autant de chiffres que les facteurs ensemble, ou six.

L'indication approximative sur la règle étant 1658, on complète à l'aide de zéros.

Ainsi $526 \times 315 = 165800$.

Le résultat exact est 165690. L'erreur d'appréciation est de 1/1500 environ.

CAS DES NOMBRES DÉCIMAUX.

16. On fera abstraction de la virgule, et l'on opèrera comme pour les nombres entiers.

Pour connaître le nombre des chiffres de la partie entière du résultat, ou la position de la virgule, il suffira d'observer la règle générale suivante, qui servira pour toutes les opérations subséquentes.

Le nombre des chiffres s'entendra de la partie entière seulement ; ainsi 27,874 est un nombre de deux chiffres.

Si la partie entière est zéro, comme dans 0,25, 0,76, le nombre des chiffres sera considéré comme zéro.

S'il y a des zéros entre la virgule et le premier chiffre significatif à droite, comme dans 0,04, 0,0027, le nombre des chiffres sera considéré comme négatif, et égal au nombre des zéros.

Ainsi 0,04 contient *moins* un chiffre ; 0,0027 en contient *moins* deux.

Par la même raison, un résultat de *zéro* chiffres sera de la forme 0,25, 0,432, etc.

Un nombre ayant *moins* un chiffre aura la forme 0,04, 0,0158, etc.

Un nombre de *moins* six chiffres aura la forme , 0,0000004, 0,000000158, etc.

On observera d'ailleurs qu'ajouter *moins* un, ajouter *moins* trois, signifie retrancher *un*, retrancher *trois ;* et que, au contraire, retrancher *moins* un, retrancher *moins* cinq, revient à ajouter *un*, ajouter *cinq*.

Ainsi, le nombre des chiffres 0,42 et 25 ensemble est de deux.

Pour les nombres 3,75 et et 0,0027, ce sera *moins* un.

La différence entre les nombres des chiffres de 42 et 0,25 est deux.

Pour les nombres 56 et 0,0025, elle est de quatre.

Pour les nombres 0,0019 et 2312, elle est *moins six.*

L'estimation de cette somme ou de cette différence se fait à première vue.

Multiplier 0.027 *par* 45,2.

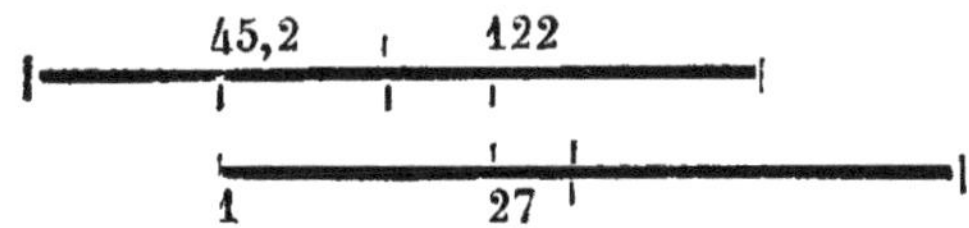

L'indication sur la règle est 122, dans la 2e échelle.

Il faut donc compter la *somme* exacte, ce qui donne *un* chiffre.

$$0,027 \times 45,2 = 1,22.$$

(Le résultat, calculé exactement, est 1,2204.)

Multiplier 0,37 *par* 0,000117.

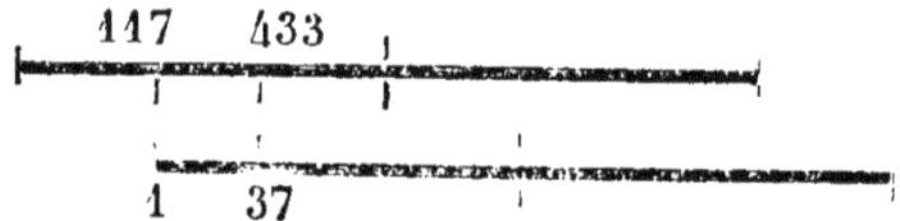

Indication sur la règle 433, 1re échelle. Il faut donc compter la *somme* moins *un* ; ce qui donne *moins quatre* chiffres.

$$0,37 \times 0,000117 = 0,0000433.$$

(Le résultat exact est 0,00004329).

Applications diverses.

Que valent 27 *k.* 75 *de fer mis en œuvre, au prix de* 1^f^ 85 *l'un?*

Formez le produit de 27,75 par 1,85.

Indication sur la règle 513, 1re échelle; le résultat contient deux chiffres.

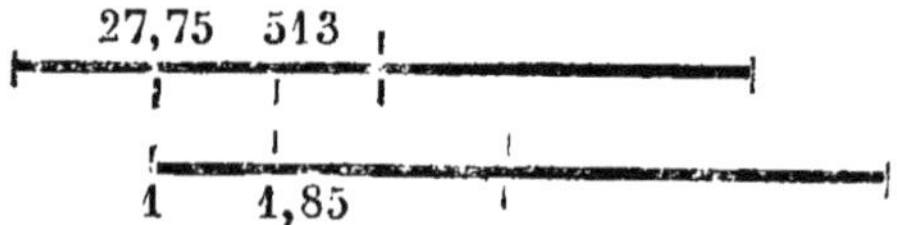

Réponse: 51^f^, 30.

(Calcul exact, 51^f^, 3375.)

Quelle est l'aire du rectangle dont les dimensions sont 58^m^20 et 15^m^35.

Formez le produit des nombres, 58,20 et 15,35.

Indication sur la règle 892, 1re échelle ; le résultat contient trois chiffres.

Réponse : 892 mètres carrés, ou 8 ares 92 centiares.

L'ancien pied vaut $0^{m}325$ *à très-peu près : à quelle longueur métrique correspondent 42 pieds et demi ?*

Multipliez 0,325 par 42,5.

Indication sur la règle 138, 2e échelle ; le résultat contient deux chiffres.

Réponse : $13^{m}80$.

Multiplications successives.

17. Multiplier la suite des nombres 24, 0,027, 0,15, 32,50, 72,80 : effectuez successivement, en plaçant l'indicateur sous chacun des produits partiels, et notez par la pensée ceux qui donnent la *somme* moins un. Il y en a deux dans cet exemple. Le résultat contient donc trois chiffres.

Dernière indication sur la règle 23. Le produit cherché est 230.

(Résultat exact, 229,9752.)

18. *Remarque.* Les indications ci-dessus permettent de former les carrés et les cubes des nombres.

On forme le carré en multipliant le nombre par lui-même.

Ainsi l'on trouve : $25^{2} = 625$.

Pour former le cube, il suffit de multiplier le nombre par son carré.

Ainsi $25^{3} = 25^{2} \times 25 = 15625$.

Nous verrons aux numéros **26** et **28** le moyen d'obtenir plus rapidement les carrés et les cubes des nombres.

Division.

19. *Exemple.* — Diviser 6 par 2.

On peut employer deux moyens :

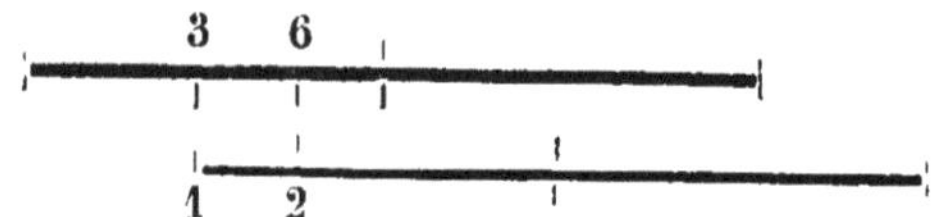

1° Placez le diviseur 2, pris sur la coulisse, 1re échelle, au-dessous du dividende 6, pris sur l'échelle supérieure : lisez le résultat 3, au-dessus de l'indicateur ;

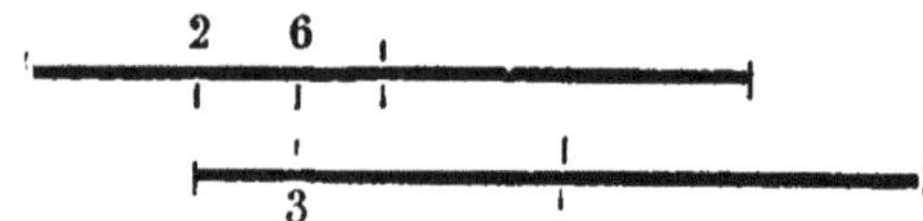

2° Placez l'indicateur au-dessous du diviseur 2 et lisez le résultat 3, sur la coulisse, au-dessous du dividende 6 :

Diviser 36 par 9.

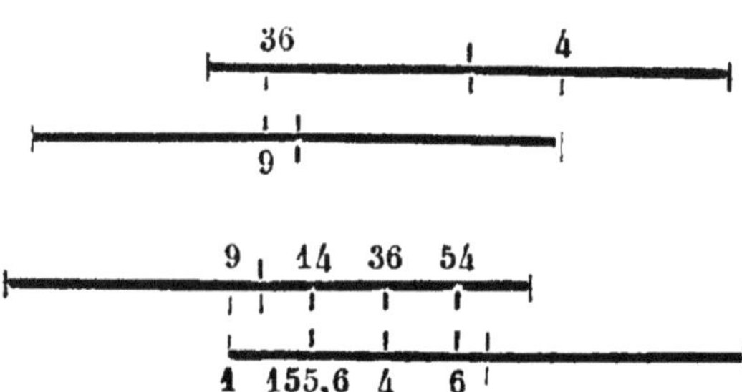

1° Le diviseur 9 étant placé sous le dividende 36, et l'indicateur étant en dehors de la règle, le quotient 4 se lit au-dessus du 2e ou du 3e indicateur.

2° L'indicateur étant placé sous le diviseur 9, le quotient 4 se lit au-dessous du dividende 36.

Il est facile de reconnaître que le second moyen permet de faire, sans déplacer la coulisse, une série de divisions dans lesquelles on a le même diviseur,

Ainsi, on reconnaît en même temps que $\frac{36}{9} = 4$; $\frac{54}{9} = 6$; $\frac{1400}{9} = 155,6$.

Nombre des chiffres du quotient.

20. Si le résultat tombe dans la même échelle que le dividende, ôtez le nombre des chiffres du diviseur de celui du dividende, et ajoutez *un* à la différence :

Premier exemple ci-dessus : $\frac{6}{2} = 3$.

Si le résultat tombe dans une autre échelle, comptez simplement la différence :

Deuxième exemple ci-dessus : $\frac{36}{9} = 4$.

Toutefois, vous trouverez plus simple l'indication suivante, qui est indépendante de la règle.

Si le premier chiffre à gauche est plus grand dans le dividende que dans le diviseur, comptez la différence, plus un.

Dans le cas contraire, comptez la simple différence.

Ainsi, le quotient de $\frac{325}{15}$ donnera deux chiffres à la partie entière.

Celui de $\frac{325}{46}$ n'en donnera qu'un.

Au cas où les premiers chiffres sont les mêmes, on se reporte aux suivants.

Une indication analogue s'appliquerait à la multiplication ; mais elle serait moins simple que la règle indiquée n° 15.

Nombres décimaux.

21. Agissez sans avoir égard à la virgule, et comme

pour les nombres entiers, en observant la règle générale du § 16, sur l'évaluation du nombre des chiffres.

Exemples. Diviser 360 par 22,50.

Le résultat contient visiblement deux chiffres : (différence, plus un.)

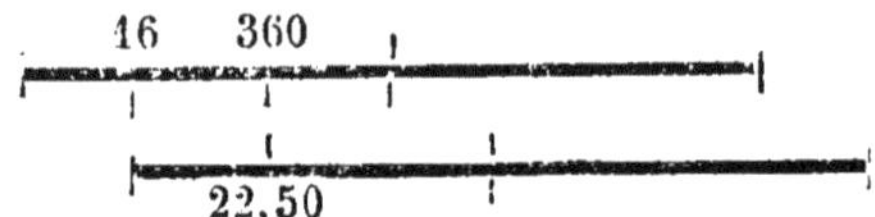

Indication sur la règle 16, quotient cherché.

Diviser 345 par 0,079.

Le résultat contient quatre chiffres : (simple différence.)

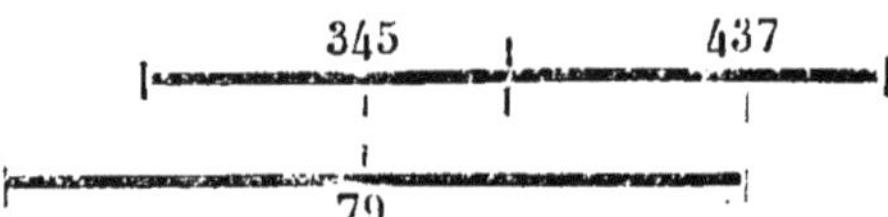

Indication sur la règle 437 ; quotient cherché, 4370. (Résultat exact, 4367,08.)

Diviser 0,000327 par 0,0042.

Le résultat contient *moins* un chiffre : (simple diff.)

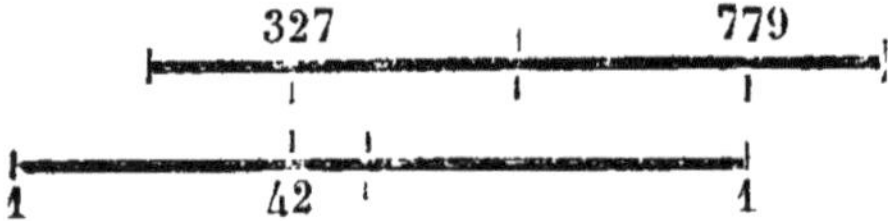

Indication sur la règle 779 ; quotient cherché, 0,0779. (Résultat exact, 0,07785.)

Diviser 425 par 0,00372.

Le résultat contient six chiffres : (Différence plus un.)

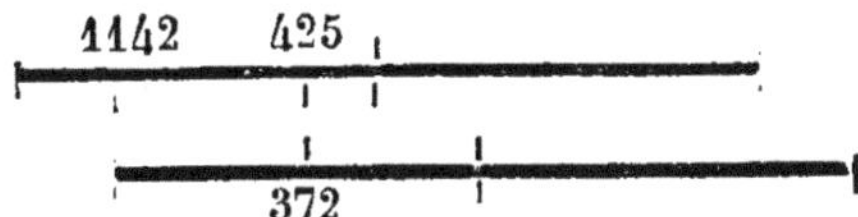

Indication sur la règle 1142 ; quotient cherché, 114200. (Résultat exact, 114247.)

Applications usuelles.

22. Transformation d'une fraction ordinaire en fraction décimale, ou en une autre fraction égale, de moindres termes.

Si l'on met le dénominateur d'une fraction ou d'une expression fractionnaire, sous le numérateur, la valeur décimale de cette fraction, ou le quotient de ses deux termes, se trouvera au-dessus des indicateurs de la coulisse.

Ainsi, l'on reconnaît que $\frac{3}{4} = 0{,}75$, et $\frac{15}{12} = 1{,}25$.

D'un autre côté, toutes les couples de nombres en regard sur l'échelle supérieure et la coulisse sont les termes de fractions égales, car leur quotient est le même.

De là le moyen de substituer à une fraction dont les termes sont considérables, une fraction égale, ou à peu près égale, et dont les termes sont plus simples :

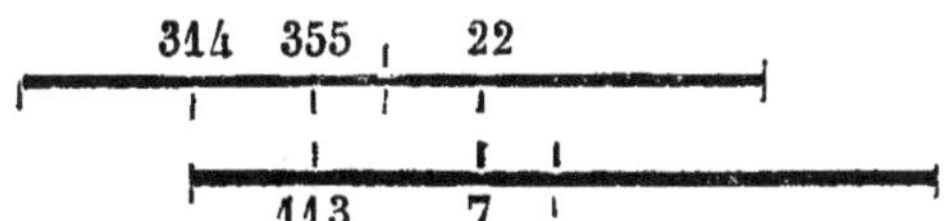

Ainsi, l'on reconnaîtra sur la règle que l'expression $\frac{355}{113}$, qui donne le rapport très approché de la circonférence au diamètre, est sensiblement égale à $\frac{22}{7}$, et que la valeur décimale de ce rapport est 3,14 environ.

Supposons que le rapport convenable entre les nombres des dents de deux roues d'engrenage soit 507 : 230 ; on verra sur la règle qu'on peut y substituer le rapport 75 : 34, qui n'en diffère que d'une quantité inappréciable dans la pratique.

Ce rapport approche beaucoup encore des rapports

55 : 25 ; 64 : 29 ; 86 : 39 ; 95 : 43.

On peut de même transformer une fraction en une autre ayant un dénominateur ou un numérateur donné (1).

23. *Remarque.* Quand on doit faire toute une série de divisions avec un même dividende, il est convenable d'opérer comme il suit :

Retournez la coulisse dans la rainure et placez l'un des indicateurs sous le dividende ; lisez alors les quotients successifs dans la coulisse, au-dessous de chaque diviseur.

Diviser 200 *par les nombres* 3, 5, 7, 9,... 85 :

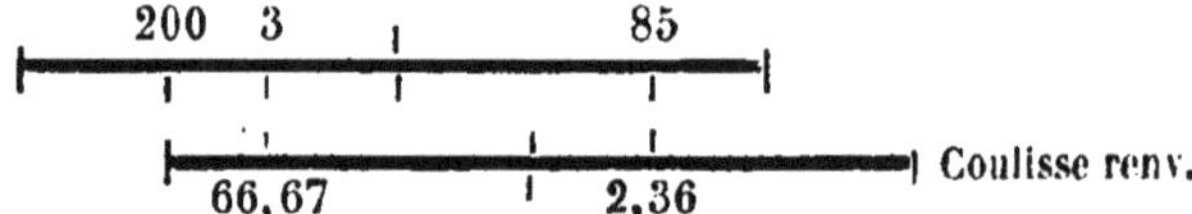

La règle indique immédiatement les quotients respectifs, 66,67 ; 40, 28,60, 22,22, 2,36.

CALCUL DES PROPORTIONS.

24. Nous supposerons le terme inconnu de la proportion placé le dernier, et nous rappellerons que ce dernier terme est égal au produit des moyens, divisé par l'extrême connu.

La règle à calcul donne le moyen de faire simultanément la multiplication et la division nécessaires.

Exemples.

Trouver le quatrième terme de la proportion :

$$3 : 4 :: 6 : x.$$

Ou calculer l'expression : $x = \frac{4 \times 6}{3}$

(1) La règle à calcul est fort utile, en donnant ainsi, dans beaucoup de cas de pratique, une indication approximative qu'on n'obtiendrait qu'avec des calculs assez longs.

Placez le 1er terme, ou diviseur 3 de la coulisse, au dessous du 2e terme, ou facteur 4 de la règle, mais *en les prenant l'un et l'autre*, soit sur la 1re, soit sur la 2e échelle.

Lisez le résultat 8 au-dessus de l'autre terme ou facteur 6.

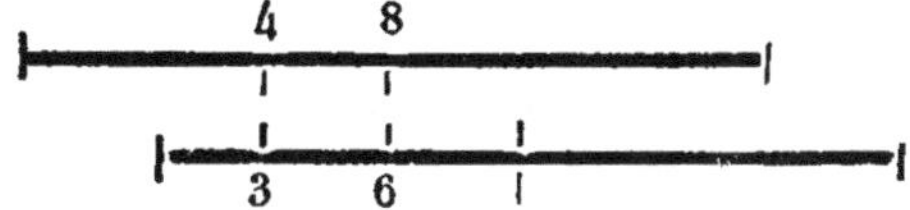

Nombres des chiffres du résultat.

Ajoutez, par la pensée, les nombres de chiffres des deux moyens ou facteurs, et otez-en le nombre des chiffres de l'extrême connu, ou diviseur.

Le résultat aura un nombre de chiffres égal à la différence trouvée, ou un chiffre de moins, ou un chiffre de plus.

La règle l'indique à première vue et sans équivoque.

Si le résultat tombe sur la même échelle que le 3e terme, ou facteur, comptez *la différence seulement.*

Si le résultat tombe dans l'échelle précédente, comptez *la différence, moins un.*

Si le résultat tombe dans l'échelle suivante, comptez la *différence, plus un.*

Cas de nombres décimaux.

Appliquez identiquement la même règle, sans avoir égard à la virgule, en tenant compte de l'observation générale du § 16, sur l'évaluation du nombre des chiffres.

Exemples.

$$5 : 8 :: 12 : x \text{ ou } x = \frac{8 \times 12}{5}$$

192 8

12 5

Le terme 5 étant placé sous le terme 8, l'un et l'autre dans la première échelle, le résultat 192 tombe dans la même échelle que le terme 12. Le résultat contient donc la *différence* exacte, ou deux chiffres.

Donc $x = 19{,}20$.

$$6 : 2{,}5 :: 13 : x \text{ ou } x = \frac{2{,}5 \times 13}{6}$$

2,50 542

6 13

Le diviseur 6 étant placé au-dessous du facteur 2,50, remarquez que le résultat 542 est indiqué dans la 1re échelle de la règle, tandis que le 3e terme, ou facteur 13, est dans la 2e échelle de la coulisse.

Le résultat contient donc la *différence* moins un, ou un seul chiffre.

Donc $x = 5{,}42$.

$$2 : 7 :: 9{,}5 : x.$$

7 3325

2 9,5

Le résultat 3325 tombe dans la 2e échelle de la règle, tandis que le 3e terme 9,5 est dans la 1re échelle de la coulisse.

Comptez donc la *différence* plus un, ou deux chiffres.

Donc $x = 33{,}25$.

$$0{,}07 : 24 :: 7{,}9 : x \text{ ou } x = \frac{24 \times 7{,}9}{0{,}07}$$

24 271

7 79

Indication sur la règle 271 ; différence simple, ou 4 chiffres.

$x = 2710$.

25. Les proportions donnent lieu à de très-fréquentes applications. Nous nous bornerons aux suivantes :

Partager 145 en deux parties proportionnelles à 3 et 8.

On aura les deux parties à l'aide des deux proportions suivantes : (Voyez les formules, pages 52 et suivantes.)

$$8 + 3 : 3 :: 145 : x \text{ ou } x = \frac{3 \times 145}{11}$$

$$8 + 3 : 8 :: 145 : y \text{ ou } y = \frac{8 \times 145}{11}$$

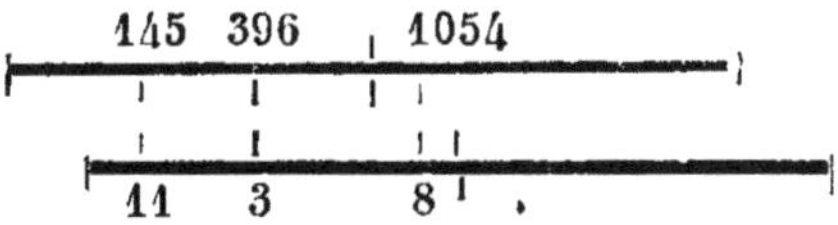

145 396 1054

11 3 8

Placez le diviseur 11 au-dessous du facteur 145, commun aux deux proportions, et lisez immédiatement les valeurs de x et de y au-dessus de 3 et de 8.

1re *Proportion :* Indication sur la règle 39,60 ; différence simple.

2e *Proportion :* Indication sur la règle 105,40 ; différence, plus un.

12,600 fr. ont rapporté 720 fr. ; quel est le taux de l'intérêt ?

$$12600 : 720 :: 100 : x \text{ ou } x = \frac{720 \times 100}{12600}$$

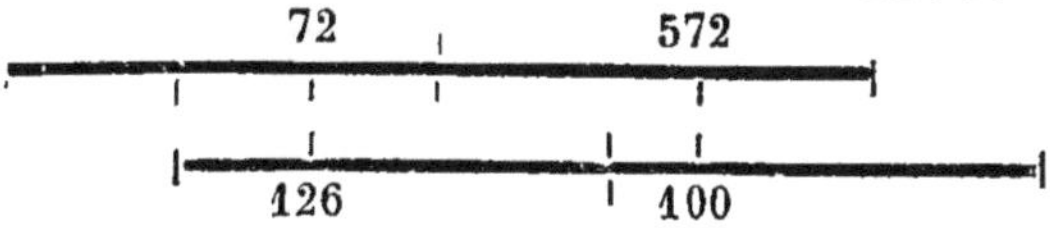

72 572

126 100

Indication sur la règle 572 ; différence simple.

$x = 5^f\ 72.$

Quel est, au taux de 6 p. 0/0, l'escompte de 2325f, payables dans 97 jours (1).

$$x = \frac{2325 \times 97}{6000} = 37^f\ 60$$ (Voyez les formules.)

(1) Nous devons faire observer que, pour les calculs d'intérêt, la règle ne peut donner qu'une approximation souvent insuffisante.

Deux roues engrènent ensemble : l'une a 37 dents et fait 45 tours par minute ; l'autre a 19 dents, combien fait-elle de tours ?

La proportion étant inverse, doit s'écrire ainsi :

$$19 : 37 :: 45 : x \text{ ou } x = \frac{37 \times 45}{19}$$

Indication sur la règle 876 ; différence simple.

$$x = 87,60.$$

Remarque. Les expressions $a \times b$ et $\frac{a}{b}$ pouvant s'écrire sous la forme $\frac{a \times b}{1}$ et $\frac{a \times 1}{b}$, on voit que les règles de la multiplication et de la division sont implicitement comprises dans les règles sur les proportions.

Formation des Carrés.

USAGE DE L'ÉCHELLE INFÉRIEURE.

26. Quand les échelles de la coulisse et de la règle sont exactement en regard, on reconnaît que les nombres de l'échelle inférieure ont pour carrés les nombres correspondants sur la coulisse, et par conséquent sur l'échelle supérieure.

Ainsi les nombres

2, 3,. . . , 7, 9,. . . , 15, 17,. . . 32, etc.,

correspondent exactement à leurs carrés

4, 9, 49, 81 225, 289, 1024, etc.

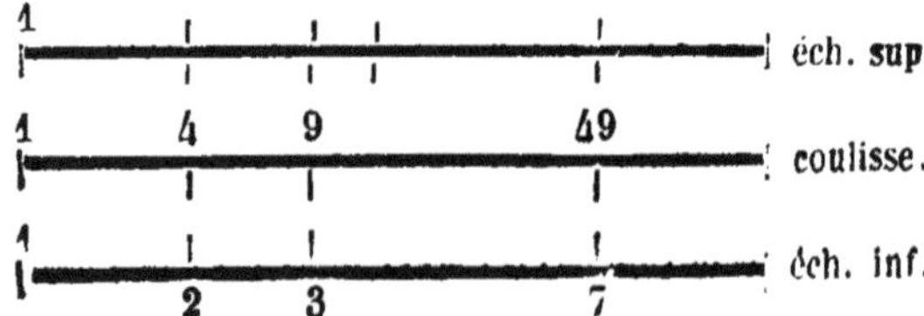

Il suffit donc de lire le carré au-dessus du nombre pris dans l'échelle inférieure, ou *échelle des racines.*

En général, au lieu de mettre la coulisse en place, il est plus commode de placer l'indicateur au-dessus du nombre pris dans l'échelle des racines, et de lire le carré dans l'échelle supérieure. Cela tient à ce que le nombre donné et le carré peuvent ne pas correspondre à des divisions exactes des échelles, et qu'il est alors plus facile d'apprécier avec l'indicateur la position de l'un et la valeur de l'autre.

Nombre des chiffres.

Le carré contient ou le double des chiffres du nombre, ou le double moins un.

On peut dire aussi : Le carré contient autant de tranches de deux chiffres que le nombre a de chiffres, la dernière tranche à gauche pouvant n'en contenir qu'un.

La règle fournit cette double indication sans équivoque.

Qnand le carré tombe dans la 1re échelle, la première tranche à gauche n'a qu'un chiffre.

Quand le carré tombe dans la 2e échelle, la première tranche a deux chiffres.

Exemples :

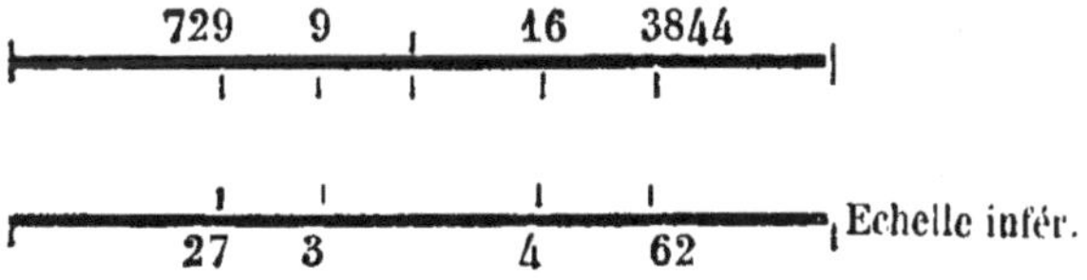

$3^2 = 9$ 1re éch.

$4^2 = 16$ 2e éch.

$27^2 = 729$ 1re éch.

$62^2 = 3844$ 2e éch.

Nombres décimaux.

Appliquez la même règle aux nombres décimaux ; mais, s'il n'y a pas de partie entière, observez simplement que la première tranche significative à droite de la virgule, dans le carré, occupe le rang du premier chiffre significatif dans le nombre.

Elever 32,50 au carré :

Indication sur la règle (2e échelle) 1056 environ.

La 1re tranche à gauche contenant deux chiffres, on a :

$$32,50^2 = 1056 \text{ (calcul exact, 1056,25).}$$

Elever 0,003 au carré :

La 1re tranche significative du carré occupera le 3e rang après la virgule, comme le premier chiffre 3 dans le nombre donné.

Elle ne contient d'ailleurs qu'un chiffre, car le carré de 3 tombe dans la 1re échelle.

$$\text{Donc } 0,003^2 = 0,00.00.09.$$

Elever 0,065 au carré :

Indication sur la règle 4225 (2e échelle).

La 1re tranche significative occupera le 2e rang, et contiendra deux chiffres.

$$0,065^2 = 0,004225.$$

Remarque. **Le dernier chiffre à droite d'un carré s'obtient par le carré du dernier chiffre à droite dans le nombre.**

C'est ainsi qu'on juge que $65^2 = 4225$.

Cette indication est importante pour un carré de trois chiffres, et même de quatre, si le premier à gauche est 1.

EXTRACTION DE LA RACINE CARRÉE.

27. A l'inverse de la loi précédente, lisez la racine dans l'échelle inférieure, au-dessous du nombre pris sur la coulisse, ou sur l'échelle supérieure.

Mais comme la coulisse contient deux échelles, lisez au-dessous de la 1re, si la tranche à gauche dans le nombre ne contient qu'un chiffre; et au-dessous de la 2e échelle, si la tranche à gauche contient deux chiffres.

Nombre des chiffres.

La racine contient autant de chiffres que le nombre contient de tranches.

Si le nombre donné ne contient pas de partie entière, comptez les tranches à droite et à partir de la virgule, et observez simplement que le premier chiffre significatif à droite de la virgule, dans la racine, occupe le rang de la 1re tranche significative dans le nombre.

Quelle est la racine carrée de 3,275?

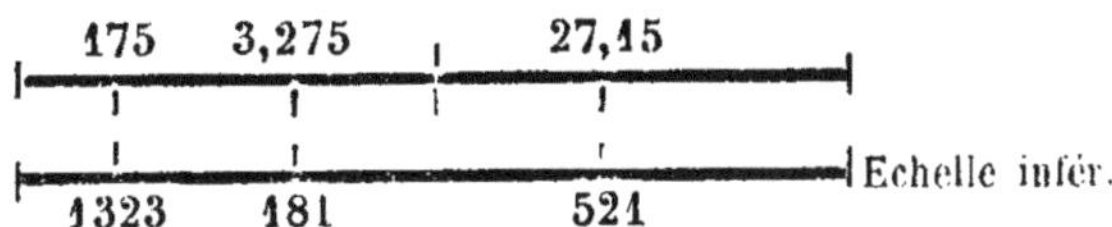

Lisez la racine au-dessous de 3,275 pris dans la 1re échelle de la règle; elle contient visiblement un chiffre à sa partie entière;

$$\sqrt{3,275} = 1,81.$$

Quelle est la racine carrée de 27,15?

La partie entière du nombre ayant une tranche de deux chiffres, lisez le résultat, qui contiendra un seul chiffre, au-dessous de la 2e échelle.

$$\sqrt{27,15} = 5,21$$

Quelle est la racine carrée de 0,00.01.75?

La première tranche significative, 01, ne contient qu'un seul chiffre; il faut donc regarder au-dessous de la 1re échelle ; d'ailleurs, le premier chiffre du résultat occupera le 2e rang.

$$\sqrt{0,00.01.75} = 0,01323.$$

Formation des cubes.

28. Le cube d'un nombre s'obtient immédiatement sur la règle.

Premier moyen. Placez l'indicateur au-dessus du nombre pris dans l'échelle des racines, et lisez le résultat au-dessus du même nombre, pris sur la coulisse, 1re échelle.

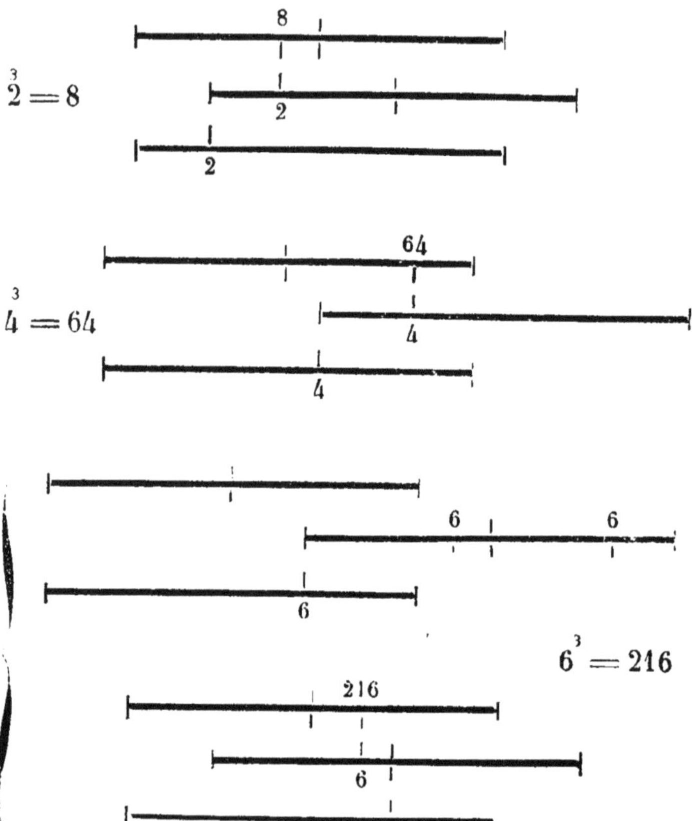

Dans ce dernier cas la coulisse se trouve tirée assez loin vers la droite, pour que le nombre 6 dépasse l'extrémité de la règle ; il faut alors repousser la coulisse de la longueur d'une échelle, ce qui ramène 6 au-dessous du cube 216.

Pour éviter ce double mouvement de la coulisse, ayez soin d'employer le 2e indicateur, si le carré tombe dans la 2e échelle.

Deuxième moyen. Renversez la coulisse dans la rainure, et faites coïncider le nombre donné, sur la 1re échelle de la coulisse, avec le même nombre pris dans l'échelle inférieure. Lisez le cube au-dessus de l'indicateur :

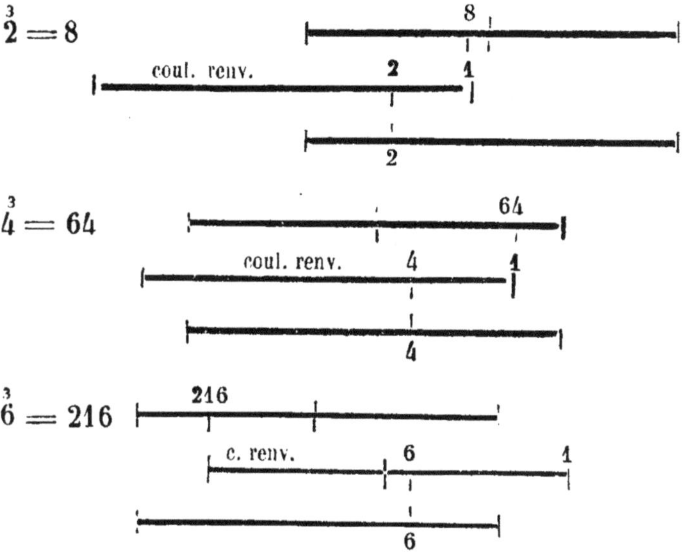

Si l'indicateur quitte la règle (3e *exemple*), lisez le cube au-dessus de l'un des deux autres indicateurs de la coulisse.

Nombres des chiffres.

Il y a dans le cube autant de tranches de trois chiffres que le nombre donné contient de chiffres; mais la dernière tranche à gauche peut contenir un, deux ou trois chiffres.

C'est ce que la règle indique sans équivoque.

Si le cube tombe dans la 1re échelle, la tranche à gauche contient un seul chiffre.

Si le cube tombe dans la 2e échelle, la tranche à gauche contient deux chiffres.

Si le cube tombe dans une 3e échelle, ou si l'indicateur quitte la règle, la tranche à gauche contient trois chiffres.

Si le nombre donné est décimal et n'a pas de partie entière, observez simplement que la première tranche significative du cube, à droite de la virgule, occupe le rang du premier chiffre significatif dans le nombre.

Exemples:

Former le cube de 12,40.

Indication sur la règle 191, 1re échelle. La dernière des deux tranches du cube ne doit donc avoir *qu'un* chiffre.

$$\overline{12,40}^3 = 1910. \text{ (Calcul rigoureux, 1906,624.)}$$

Former le cube de 0,031.

Indication sur la règle 298, 2e échelle.

La première tranche significative, à droite de la virgule, contiendra deux chiffres ; elle occupera d'ailleurs le 2e rang.

$$\overline{0,031}^3 = 0,000.029.800.$$

Former le cube de 0,57.

Indication sur la règle 185, 3e échelle.

La première tranche aura trois chiffres.

$$\overline{0,57}^3 = 0,185.$$

Extraction de la racine cubique.

29. Renversez la coulisse et placez l'indicateur sous le nombre donné, pris dans la 1re échelle, si la 1re tranche à gauche contient un chiffre ; dans la 2e, si la 1re tranche contient deux chiffres, et dans la 3e (hors de la règle), si la 1re tranche contient trois chiffres.

Examinez ensuite quels sont les deux nombres égaux qui se correspondent sur l'échelle des racines et la première échelle de la coulisse.

Ce sera la racine cubique cherchée (1).

Exemples :

$\sqrt[3]{8} = 2$

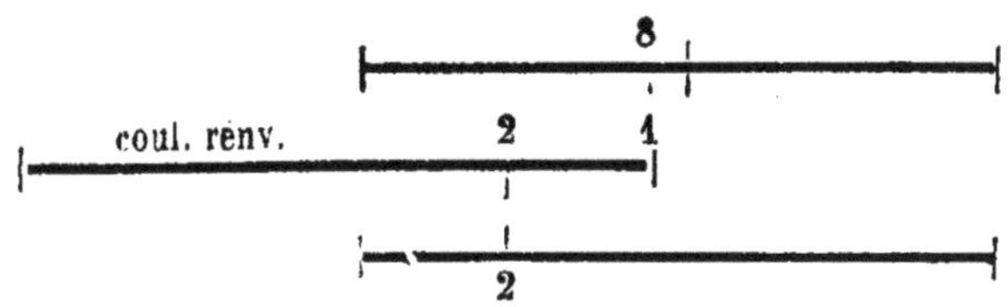

$\sqrt[3]{64} = 4$

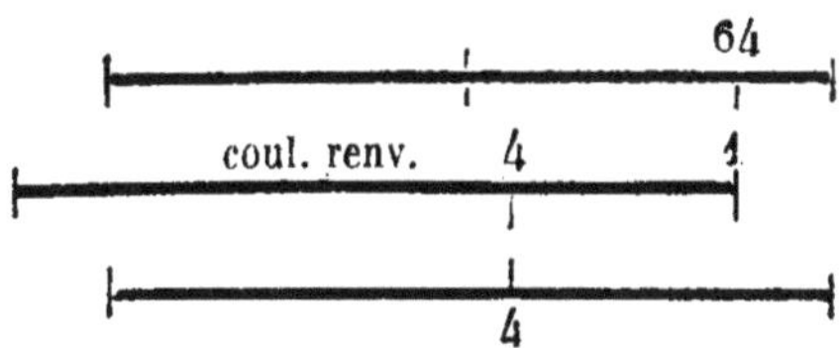

$\sqrt[3]{216} = 6$

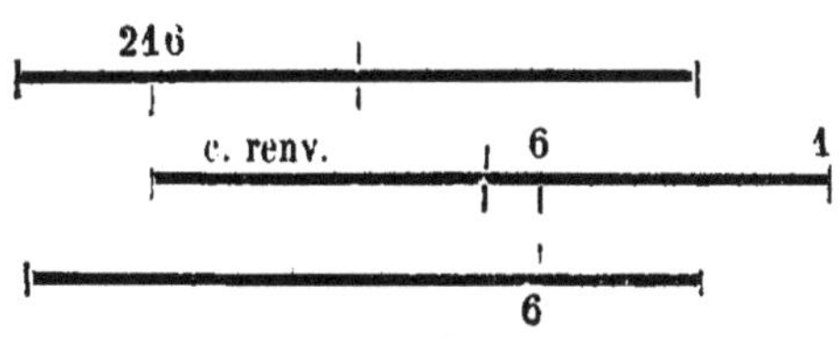

(1) C'est l'inverse du cube, 2ᵉ mode. On peut encore, à l'inverse du 1ᵉʳ mode, opérer comme il suit :

Disposer la coulisse, sans la renverser, de manière *qu'un même nombre* se trouve sur la coulisse, au-dessous du cube donné, et dans l'échelle des racines, au-dessous de l'indicateur. Ce sera la racine cherchée.

Le mode indiqué plus haut doit être préféré.

Nombre des chiffres.

La racine contient autant de chiffres que le nombre contient de tranches.

Si le nombre donné est décimal et n'a pas de partie entière, comptez les tranches à droite et à partir de la virgule, et observez simplement que le premier chiffre significatif occupe le rang de la première tranche significative.

Exemples :

Quelle est la racine cubique de 22702 ?

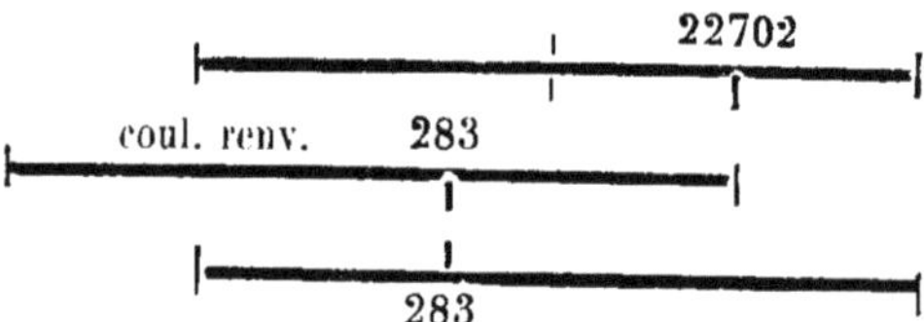

Placez l'indicateur au-dessous de 22702, 2e échelle, puisque la 1re tranche 22 contient deux chiffres. Indication sur la règle 283.

$$\sqrt[3]{22\overline{702}} = 28,3.$$

Quelle est la racine cubique de 0,000.004.380 ?

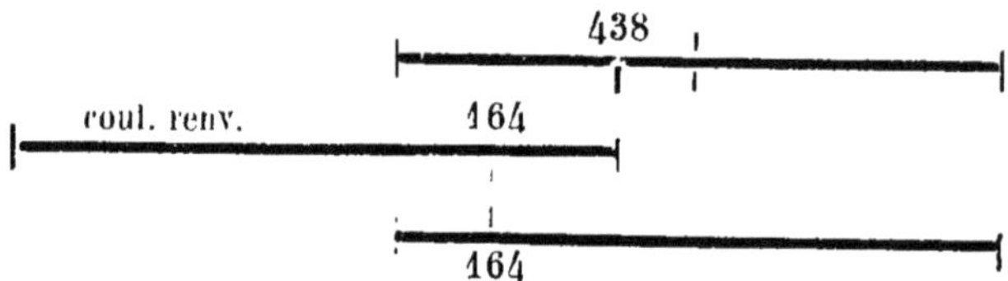

Placez l'indicateur sous le nombre donné, 1re échelle, car la première tranche significative 004, après la virgule, contient un seul chiffre. Le premier chiffre du résultat occupera, comme cette tranche, le 2e rang.

Indication sur la règle 164 :

$$\sqrt{0,000.004.38} = 0,0164.$$

Quelle est la racine cubique de 0,3265 ?

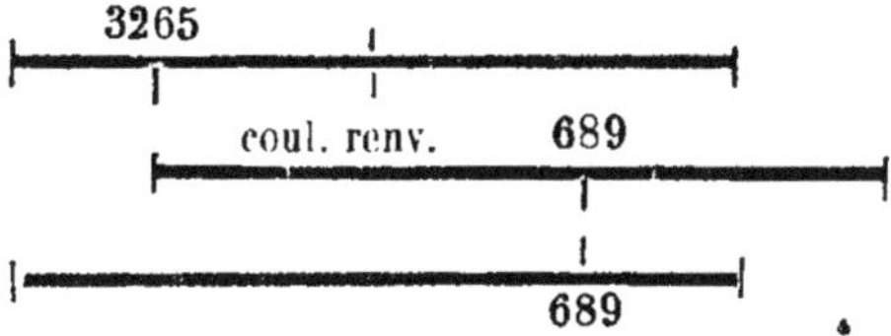

Placez l'indicateur sous 3265, 3e échelle (hors de la règle), puisque la 1re tranche 326 contient trois chiffres ; (la position de la coulisse est alors fixée par l'un des deux autres indicateurs) ;

Indication sur la règle 689 :

$$\sqrt[3]{0,3265} = 0,689.$$

Calculs divers.

SUR LES CARRÉS, LES CUBES, LES RADICAUX.

La géométrie et la mécanique industrielle présentent de nombreuses et utiles applications de ces calculs.

Les opérations multiples ci-dessous sont les analogues des opérations précédentes ; on y reconnaît la valeur décimale des résultats par les mêmes moyens.

Produit d'un nombre par un carré.

30. *Multiplier* $\overline{2,17}^2$ *par* 49. (*Analogue à la formation d'un cube* (28).

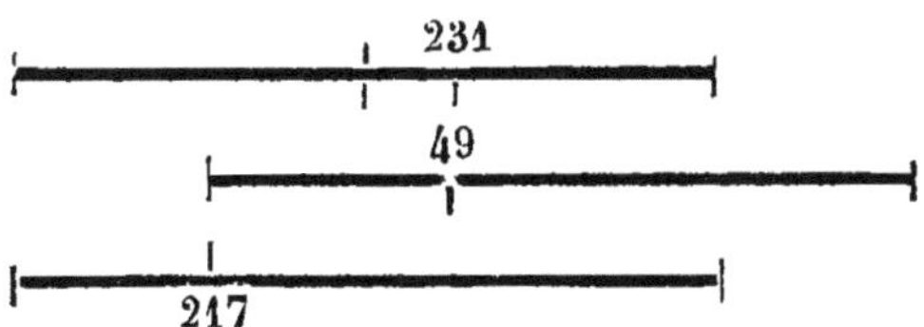

Placez l'indicateur au-dessus de 2,17, échelle des racines ; lisez le produit au-dessus du facteur 49. Comptez le nombre des chiffres du résultat, comme dans la multiplication, en ayant égard au carré.

Indication sur la règle 231 : nombre de chiffres, *trois.*

$$\overline{2,17}^{2} \times 49 = 231.$$

Multiplier $\overline{72}^{2}$ *par* 0,75.

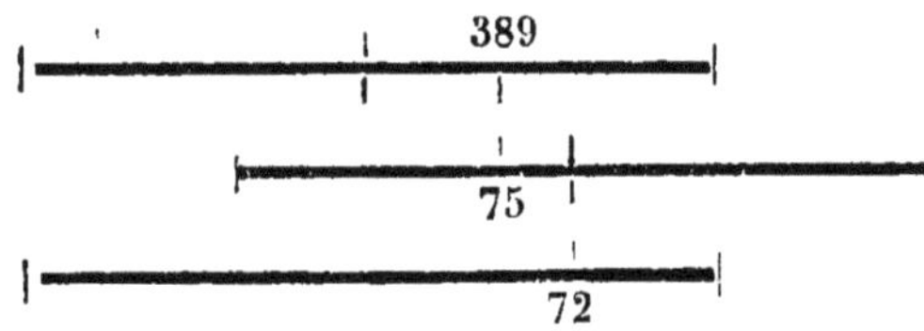

En plaçant l'indicateur au dessus de 72, échelle des racines, on reconnaît que le facteur 0,75 quitte la règle : ce qui obligerait à un déplacement de la coulisse. Pour éviter ce déplacement, placez le 2e indicateur au-dessus du facteur carré, toutes les fois que ce dernier correspond à la 2e échelle.

Indication sur la règle 389 ; nombre des chiffres *quatre.*

$$\overline{72}^{2} \times 0,75 = 3890.$$

Quelle est la longueur du pendule dont l'oscillation dure deux secondes et demie ?

(Voir les formules, pages 52 et suivantes.)

$$x = 0,994 \times \overline{2,5}^{2}.$$

Indication sur la règle 621 ; nombre des chiffres, *un.*

$$x = 6^{m},21.$$

En pratique, on peut se borner à faire le carré du temps, ou $x = 6,25$.

Division d'un carré par un nombre.

$$x = \frac{\overline{32}^2}{25}$$

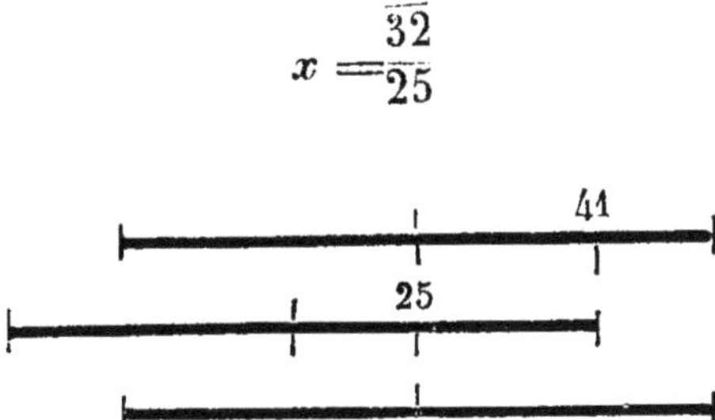

31. Placez le diviseur, pris sur la coulisse, au-dessus du dividende 32, dans l'échelle des racines.

Lisez le quotient cherché au-dessus de l'indicateur, et comptez les chiffres du résultat, comme dans la division, en ayant égard au carré.

Indication sur la règle 41 ; nombre des chiffres, *deux*.

$$x = 41.$$

Résultat exact, 40,96.

Diviser $\overline{0,28}^2$ *par* 124.

Indication sur la règle 633 ; nombre des chiffres, *moins trois*.

$$x = 0,000633.$$

Quelle est l'aire d'un cercle ayant 0,75 *de diamètre?* (Voir les formules.)

$$\frac{\overline{0'75}^2}{1,273} = \overset{m.\,c.}{0,442}$$

Division d'un nombre par un carré.

32. *Diviser* 2,5 *par* $\overline{0,32}^2$.

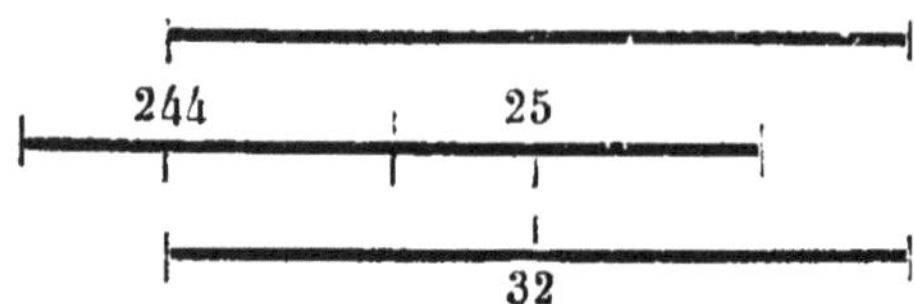

Placez, comme ci-dessus, 25 au-dessus de 32 de l'échelle inférieure ; mais lisez le résultat sur la coulisse, au-dessous des indicateurs de la règle.

Indication sur la règle 244 ; nombre des chiffres, *deux*.

$$x = 24,4.$$

Calcul exact, 24,414.

PROPORTIONS CONTENANT UN TERME CARRÉ.

33. 1° Le terme carré est facteur.

$$4 : 9^2 :: 15 : x \text{ ou } x = \frac{9^2 \times 15}{4}$$

304

4

15

9

Au-dessus du terme carré 9, de l'échelle des racines, placez le diviseur 4, pris dans la 1re ou dans la 2e échelle de la coulisse, selon que le terme carré tombe sur l'une ou sur l'autre.

Lisez le résultat dans l'échelle supérieure, au-dessus du troisième terme 15.

Comptez les chiffres, comme dans les proportions (24), en ayant égard au carré.

Indication sur la règle 304, différence simple ; résultat de *trois* chiffres.

$$x = 304.$$

Résultat exact, 303,75.

2° Le terme carré est diviseur.

$$\overset{2}{9} : 4 :: 15 : x.$$

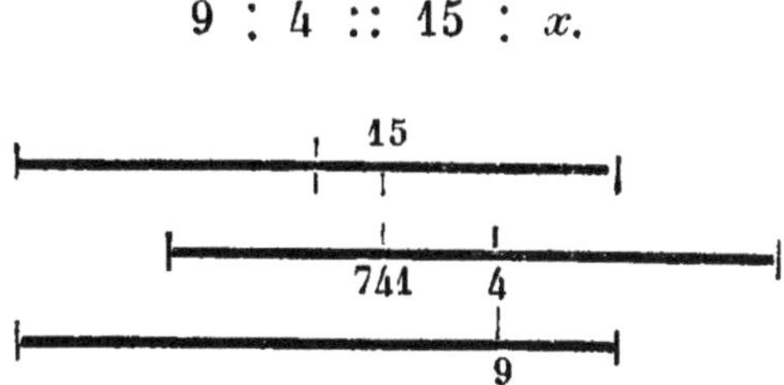

Placez de même le facteur 4 (2ᵉ échelle de la coulisse dans ce cas) au-dessus du terme carré 9, pris dans l'échelle des racines. Mais lisez le résultat sur la coulisse, au-dessous du facteur 15 de l'échelle supérieure.

Indication sur la règle 741 ; différence *moins un ;* résultat de *zéro* chiffres.

$$x = 0,741.$$

Calcul exact, 0,74074.

Exemples :

Quel est le volume d'un cylindre ayant 2ᵐ70 *de hauteur et* 0,75 *pour diamètre de base?*

(Voir les formules.)

$$x = \frac{\overline{0,75}^2 \times 2,70}{1,273}$$

Indication sur la règle 1192 ; résultat de *un* chiffre.

$$x = \overset{\text{m. cub.}}{1,192}.$$

Un cylindre de 3^m60 *de diamètre à la base doit cuber* 65,75 m. cub.*; quelle sera la hauteur?*

$$x = \frac{65,75 \times 1,273}{\overline{3,60}^2}$$

Indication sur la règle 645; résultat de *un* chiffre.

$$x = 6^m,45.$$

Trouver la racine carrée du produit de deux nombres, ou leur moyenne géométrique.

$$x = \sqrt{27 \times 19} \text{ ou } 27 : x :: x : 19.$$

34. Opérez comme dans la multiplication, mais lisez le résultat dans l'échelle des racines, au-dessous de la 1re ou de la 2e échelle (27), selon que le produit contiendra un nombre impair ou un nombre pair de chiffres.

Indication sur la règle 2265, au-dessous de la 1re échelle, car le produit 27 × 19 contient visiblement *trois* chiffres.

Donc, $x = 22,65$.

Si l'on avait $x = \sqrt{27 \times 190}$, le produit contenant visiblement *quatre* chiffres, on lirait la racine au-dessous de 19, 2e échelle. On aurait alors

$$x = 71,6.$$

Il peut arriver que la coulisse soit tirée assez loin sur la droite pour que, le second facteur quittant la règle, on soit obligé de ramener la coulisse de la longueur d'une échelle, ou même de deux.

On évite un double déplacement en employant le 2e indicateur, quand le produit des deux facteurs tombe sur la 2e échelle, ce qui s'aperçoit à première vue.

$$x = \sqrt{0,0035 \times 475}.$$

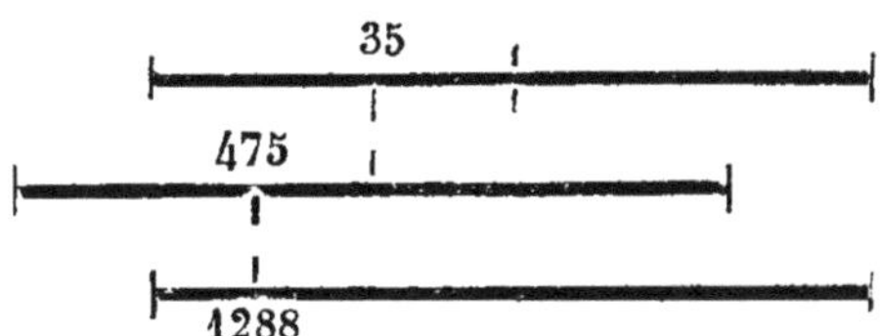

Placez le 2e indicateur sous 35 ; le produit contenant *un* chiffre, lisez la racine au-dessous de 475, 1re échelle.

$$x = 1,288.$$

Quelle est la vitesse acquise par un corps tombant dans le vide d'une hauteur de 250 *mètres ?*

(Voir les formules.)

$$x = \sqrt{19,62 \times 250}.$$

Indication sur la règle, au-dessous de la 2e échelle, 7.

$$x = 70.$$

Trouver la racine carrée du quotient de deux nombres.

35. Opérez comme dans la division, 1er mode, et lisez le résultat dans l'échelle des racines, au-dessous de l'échelle convenable, d'après le nombre des chiffres du quotient.

Quelle doit être, dans les circonstances ordinaires, l'épaisseur d'une dent d'engrenage en fonte, supportant un effort de 435 kilogrammes?

(Voir les formules,)

$$x = \sqrt{\frac{435}{91}}$$

Indication sur la règle, au-dessous de la 1re échelle, 2185.

$$x = \overset{\text{cent.}}{2,185}.$$

Si la denture était en bois, on aurait:

$$x = \sqrt{\frac{435}{47,5}} = 3^c,025.$$

On calculerait d'une manière analogue les expressions:

$$\sqrt{\frac{a \times b}{c}} \quad \sqrt{\frac{a^2 \times b}{c}} \quad a\sqrt{b} = \sqrt{a^2 \times b}$$

Division d'un cube par un nombre.

36. *Quel est le volume d'une sphère en fonte de 0m45 de diamètre?*

(Voir les formules.)

$$x = \frac{\overline{0,45}^3}{1,91} = \frac{\overline{0,45}^2 \times 0,45}{1,91}$$

Opérez comme au N° 33.

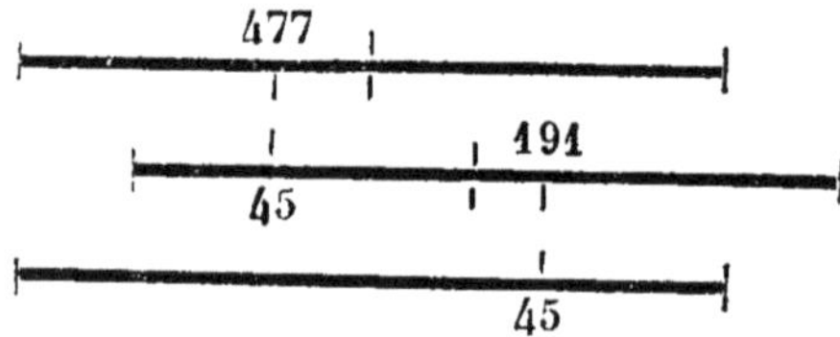

Indication sur la règle 477 ; résultat de *moins un chiffre.*

$$x = 0^m,0477.$$

Quelle est la charge qu'on peut faire porter en toute sécurité à une barre carrée en fonte, de 0m30 *de côté, encastrée d'un bout, et chargée à un mètre de l'encastrement ?*

(Voir les formules.)

$$P = \frac{\overline{30}^3}{0,80} = \frac{\overline{30}^2 \times 30}{0,80}$$

Indication sur la règle 3375 ; résultat de *cinq* chiffres.

$$P = 33750\,\text{k.}$$

CALCUL DU POIDS DES PIÈCES.

37. Le poids d'un corps étant égal au volume multiplié par la densité, sera donné en général par des formules analogues à celles des volumes, avec un coefficient ou un diviseur arithmétique différent.

Les formules relatives aux corps réguliers qu'on rencontre le plus habituellement dans les constructions sont indiquées à la fin du livre (tableau § 48) : elles ont été préparées sous une forme commode pour l'usage de la règle. On conçoit que, pour chaque espèce de calcul, de nature à se représenter fréquemment, on peut préparer les formules d'une manière analogue, de façon à obtenir rapidement les résultats.

Quel est le poids d'un cylindre en fer ayant pour diamètre de base 0m25, *et pour longueur* 2m60 ?

Les formules du § 48 indiquent qu'il faut multiplier le carré du diamètre, exprimé en décimètres, par la hauteur également évaluée en décimètres, et diviser le produit par le nombre 0,164, relatif au fer en barres. Donc

$$P = \frac{\overline{2,5}^2 \times 26}{0,164} = 991$$

Quel est le poids d'un cube en pierre ordinaire à bâtir, dont le côté est 1m270 ?

D'après les formules du tableau § 48.

$$P = \frac{\overline{12,70}}{0,481} = 4260^{k}$$

Quel est le poids d'une sphère en plomb dont le diamètre est 0m32 ?

$$P = \frac{\overline{3,2}^{3}}{0,168} = 195^{k}$$

Quel est le poids d'un cône en fonte de 0m42 de diamètre à la base et de 1m17 de hauteur ?

$$P = \frac{\overline{4,2}^{2} \times 11,7}{0,53} = 390^{k}$$

Echelle du revers de la coulisse.

LOGARITHMES — LIGNES TRIGONOMÉTRIQUES.

38. L'échelle inférieure du revers de la coulisse a la même longueur que l'échelle des racines, et porte 500 divisions égales, représentant chacune deux millièmes de la longueur totale, considérée comme l'unité.

Elle est graduée de droite à gauche.

Les divisions principales sont indiquées par les nombres 0,100, 200, 300,. . . . . , 800, 900, 1000, qui expriment ainsi de cent en cent des millièmes de l'unité.

Les divisions du 2e ordre correspondent aux indications 10, 20, 30. . 50. . 90. . 110. . . 150. . . 560. . . 990 millièmes.

Enfin les divisions du 3e ordre, ou millièmes, vont de deux en deux, et ne sont pas indiquées par des chiffres.

L'évaluation d'un nombre correspondant à une division donnée se fait comme pour une échelle décimale ordinaire.

LOGARITHMES (1).

Si l'on renverse l'échelle dont nous venons de parler pour la mettre en regard de l'échelle des racines, on reconnaît que chacun des nombres de la coulisse exprime la partie décimale du logarithme du nombre correspondant de l'échelle des racines.

échelle des racines.
2 3 7 9
301 477 845 954
Revers de la coulisse. Ech. renversée.

Ansi, 2, 3, 7, 9 correspondent à leurs logarithmes respectifs, 0,301, 0,477 0,845, 0,954.

C'est la conséquence visible du mode de division des échelles de la règle.

39. Pour trouver le logarithme d'un nombre, ou le nombre correspondant à un logarithme, il n'est pas nécessaire de déplacer la coulisse ; on opère comme il suit :

Quel est le logarithme de 27 *?* (La caractéristique est 1.

Placez l'indicateur au-dessus de 27, dans l'échelle des racines, et lisez la partie décimale 431 indiquée sur le revers de la coulisse par l'extrémité de la règle.

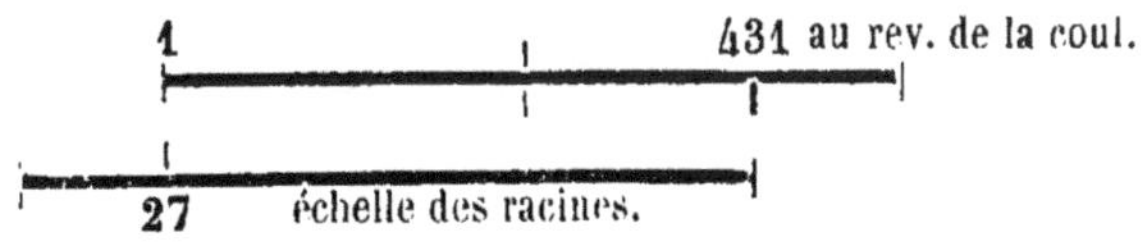

Ainsi logarith. 27 = 1,431.

(1) Nous rappellerons les principes essentiels qui suivent :
Le logarithme d'un nombre plus grand que un est positif.
Le logarithme d'un nombre plus petit que un est négatif.
Le logarithme de un est zéro.
La partie décimale du logarithme d'un nombre est la même pour tous les dérivés, multiples ou sous-multiples décimaux.
La valeur de la caractéristique se déduit du nombre des chiffres ou de la position de la virgule.
Habituellement, pour les logarithmes des nombres plus petits que l'unité, la caractéristique seule est négative. Elle indique alors le rang du premier chiffre significatif dans le nombre, après la virgule, *et vice versa.*

On trouvera de même :

$$\text{Log. } 455 = 2,658.$$
$$\text{Log. } 3,48 = 0,542.$$
$$\text{Log. } 0,025 = \overline{2},398.$$

Quel est le nombre correspondant au logarithme 3,345? (La caractéristique indique un nombre de quatre chiffres entiers.)

Amenez la partie décimale 345, prise au revers de la coulisse, à l'extrémité de la règle, et lisez le nombre correspondant 2212, au-dessous de l'indicateur.

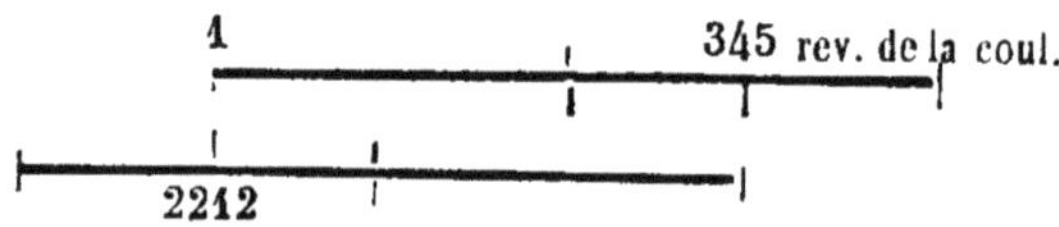

Les tables indiqueraient 2213.......

On trouvera de même :

$$0,125 = \text{log. } 1,334.$$
$$2,752 = \text{log. } 565.$$
$$\overline{2},624 = \text{log. } 0,0421.$$

40. Nous nous bornerons aux deux applications suivantes :

1° *Que deviennent* 100f *avec intérêts accumulés au taux de* 5 *p.* 0/0 *au bout de* 30 *ans ?* (Voir les formules.)

$$x = 100 \times 1,05^{30}.$$
$$\text{Log. } 100 = 2.$$
$$\text{Log. } 1,05 = 0,0212.$$
$$0,0212 \times 30 = 0,636.$$
$$\text{Log. } x = 2,636.$$
$$x = 432^{f} \text{ environ}$$

Quel est le travail développé par un mètre cube de

vapeur à la pression d'une atmosphère et se détendant de cinq fois son volume? (Voir les formules).

$$x = 23786 \times \log. 5.$$

$$\text{Log. } 5 = 0,699.$$

$$x = 23786 \times 0,699 = 16620 \text{ kilogrammètres environ.}$$

Echelles trigonométriques. — Echelle des sinus et des cosinus.

41. Si l'on retourne la coulisse et qu'on mette l'échelle supérieure du revers en regard des échelles supérieures de la règle, on reconnaîtra que les angles inscrits sur la coulisse ont pour sinus les nombres correspondants des échelles.

Ainsi, sin. 30° = 0,50 ; sin. 12° = 0,207 ; sin. 3° — 40' = 0,0638.

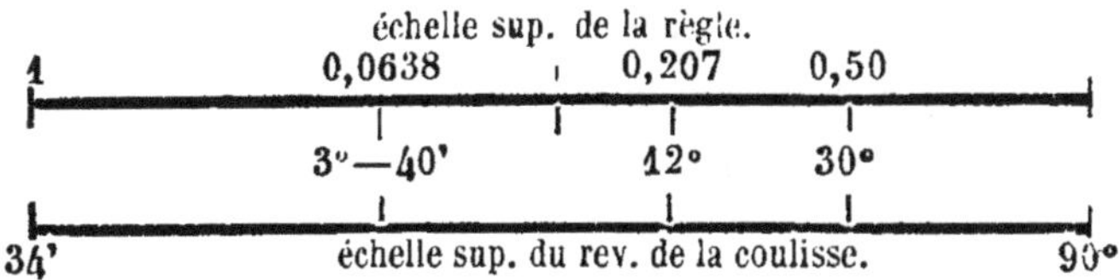

On remarquera d'ailleurs que, pour les sinus tombant dans la 2e échelle, le premier chiffre exprime des dixièmes, et que pour ceux qui tombent dans la 1re échelle, le premier chiffre exprime des centièmes, *et vice versâ.*

Sinus 0,01, qui répond au commencement de l'échelle, a pour correspondant l'angle de 34' environ. Les sinus au-dessous de 0,01 et les angles correspondants ne sont pas indiqués sur la règle.

L'échelle des sinus est divisée de 10 en 10 minutes jusqu'à 10°; de 20 en 20 minutes, entre 10° et 20°; de 30 en 30 minutes, entre 20° et 30°; de degré en degré, entre 30° et 60°; de deux en deux degrés, entre 60° et 70°; enfin, trois dernières divisions répondent à 75°, 80° et 90°.

De 1° à 60 ou 70°, l'approximation sur la règle est ordinairement suffisante ; en dehors de ces limites, il convient de recourir aux tables trigonométriques.

42. Pour trouver le sinus d'un angle, ou l'angle répondant à un sinus, il n'est pas nécessaire de déplacer la coulisse; on opère comme il suit :

Quel est le sinus de l'angle 30°?

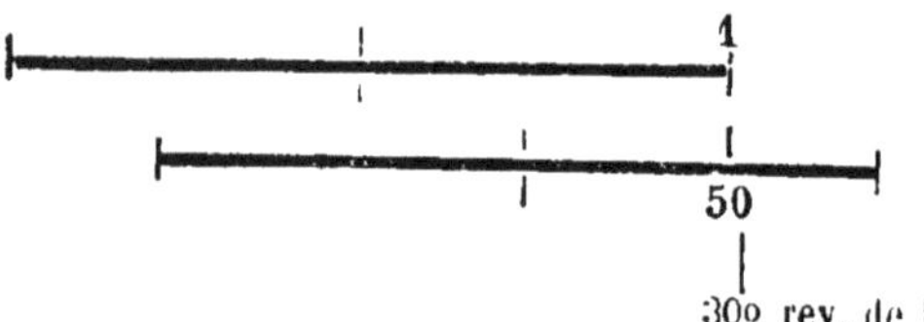

Placez l'angle donné au revers de la coulisse, en regard de l'extrémité de la règle et lisez le sinus 0,50 sur la coulisse, au-dessous du dernier indicateur.

On trouvera de même :

Sin. 42° — 30' = 0,675.
Sin. 4° — 50' = 0,0842.

Dans ce dernier exemple, le sinus tombant dans la première échelle, le premier chiffre exprime des centièmes.

Quel est l'angle dont le sinus est de 0,65?

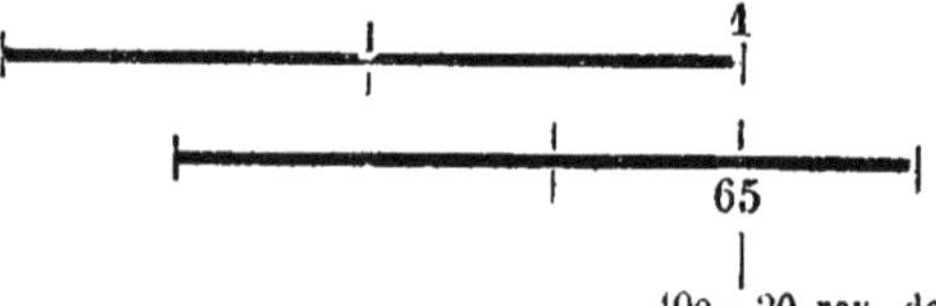

Placez le sinus donné, 2ᵉ échelle de la coulisse, sous le 3ᵉ indicateur de la règle, et lisez au revers de la coulisse la valeur de l'angle correspondant 40° — 30'.. environ.

On trouvera de même :

0,195 = sin. 11° — 15'.
0,0345 = sin. 1° — 59'.

Dans ce dernier exemple, le premier chiffre du sinus exprimant des centièmes, on doit le prendre dans la 1ʳᵉ échelle.

Trouver le cosinus d'un angle?

Il suffit de trouver le sinus du complément.

Ainsi, cos. 30 = sin. 60 = 0,866.

Echelle des tangentes et des cotangentes.

43. L'échelle du milieu, sur le revers de la coulisse, mise en regard de l'échelle supérieure de la règle, indique les angles et leurs tangentes depuis l'angle de 34' environ, dont la tangente est 0,01 jusqu'à l'angle de 45°, dont la tangente est 1.

Entre ces limites, on agit exactement comme pour les sinus.

Ainsi : Tangente 30° = 0,578.

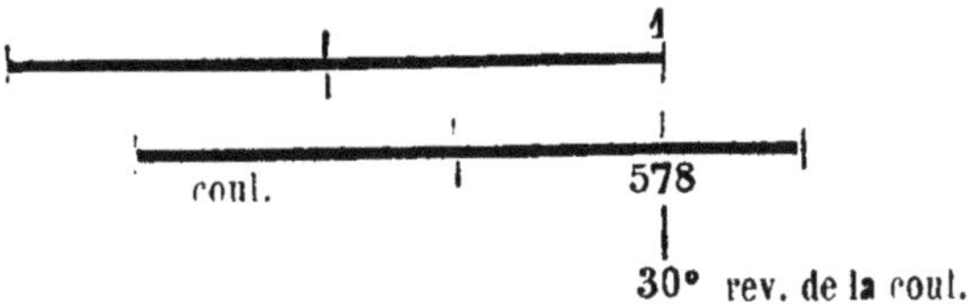

1
coul. 578
30° rev. de la coul.

Tangente 2° — 50' = 0,0495.

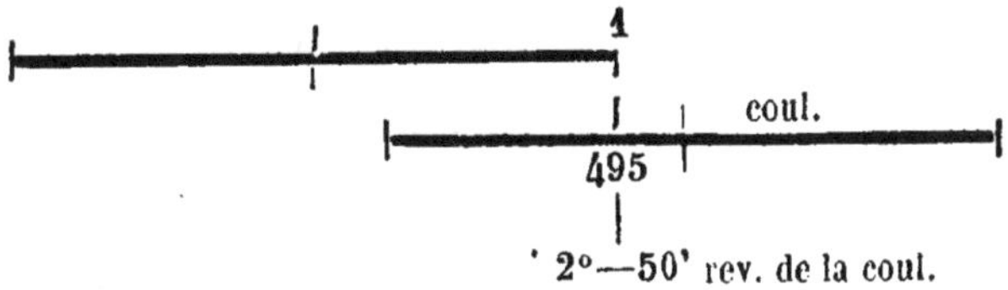

1
coul.
495
2°—50' rev. de la coul.

Dans le second cas, la tangente tombant dans la 1re échelle, le premier chiffre exprime des centièmes.

De même : 0,452 = tang. 24° — 20'
0,042 = tang. 2° — 23'

Dans le second cas, le premier chiffre exprimant des centièmes, la tangente doit être prise dans la 1re échelle.

Remarque. Les échelles trigonométriques de la coulisse font voir que jusque vers 3 ou 4°, les sinus et les tangentes ne diffèrent pas d'une quantité appréciable. Il en résulte que de 0° à cette limite, la valeur du sinus et celle de la tangente sont très-sensiblement égales à la longueur de l'arc correspondant, et peuvent se calculer par les expressions :

$$\frac{n^{\circ}}{57,30} \text{ ou } \frac{m'}{3438}$$

Angles plus grands que 45°.

44. Pour obtenir la tangente d'un angle plus grand que 45°, on remarquera que tang. $a = \frac{1}{\text{tang. }(90° - a)}$. Si donc, on place l'angle complémentaire de a à l'extrémité de la règle, on lira la valeur de la tangente dans l'échelle supérieure, au-dessus de l'indicateur.

Quelle est la tangente de l'angle de 65° ?

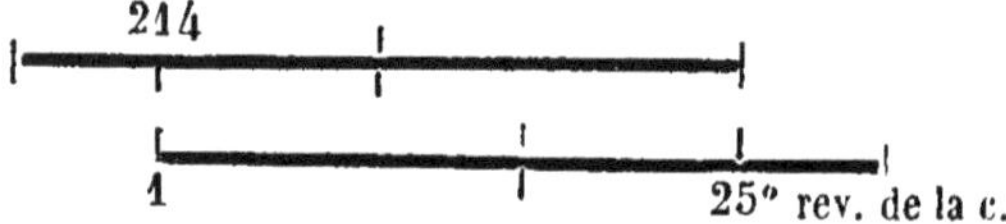

Placez à l'extrémité de la règle le complément 25°, et lisez la valeur 2,14 de la tangente, au-dessus de l'indicateur.

Si l'indicateur tombe sur la 1re échelle, le premier chiffre de la tangente exprime des unités.

Si l'indicateur tombe dans la 2e échelle, le premier chiffre de la tangente exprime des dizaines.

Exemple :

Tangente 87° — 30' = 22,90.

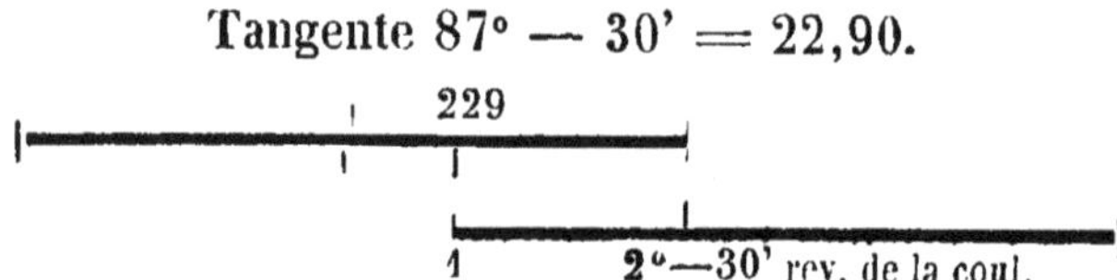

La règle n'indique pas les tangentes des angles plus grands que 89° — 26 (complément de 34') dont la tangente est égale à 100.

COTANGENTES.

45. 1° Si l'angle donné est plus grand que 45°, cherchez la tangente du complément.

Cotang. 60° = tang. 30° = 0,578.

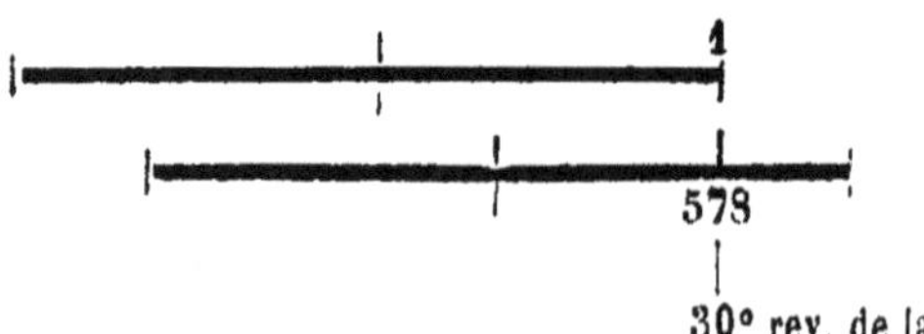

2° Si l'angle donné est moindre que 45°, remarquez que cotang. $a = \frac{1}{\text{tang. } a}$.

Opérez en conséquence comme pour la tangente; mais lisez la valeur cherchée sur *la règle*, au-dessus de l'indicateur.

Quelle est la cotangente de 35°?

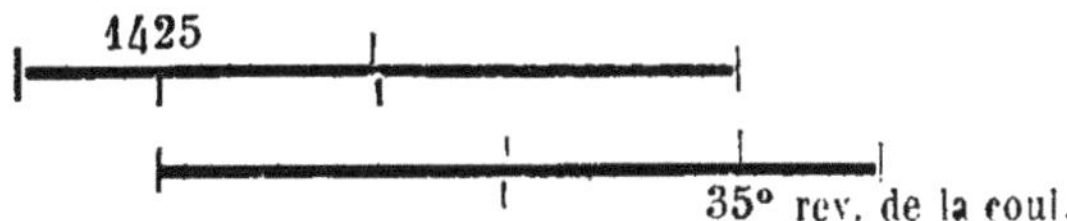

La cotangente cherchée est 1,425.

ANGLES OBTUS.

46. Les lignes trigonométriques d'un angle obtus sont égales à celles du supplément.

Ainsi :

$$\begin{matrix}\text{Sin.}\\\text{Cos.}\\\text{Tang.}\\\text{Cot.}\end{matrix}(180° - a) = \begin{matrix}\text{Sin.}\\\text{Cos.}\\\text{Tang.}\\\text{Cot.}\end{matrix}\ a.$$

On emploie les lignes trigonométriques dans la résolution des triangles, la composition et la décomposition des forces et des vitesses, la recherche du travail mécanique, etc.

Ces applications conduisent à des expressions analogues aux suivantes :

$$x = \frac{\text{sin. } a.}{m}\ ;\ x = \frac{m}{\text{sin. } a}\ ;\ x = \frac{m.\ \text{sin. } a}{n}\ ;$$

$$x = \frac{m \times \text{sin. } a}{\text{sin. } b.}\ ;\ x = m \text{ tang. } a;\ x = \frac{\text{tang. } a.}{m.}$$

Quoique ces calculs puissent généralement se faire d'un seul coup de règle, nous engageons, afin d'éviter la confusion et les chances d'erreurs, particulièrement dans l'évaluation de la valeur *décimale* des résultats, à chercher séparément les lignes trigonométriques, pour opérer ensuite suivant les règles ordinaires.

Revers de la règle.

47. Au revers de la règle se trouvent des indications relatives à la conversion des anciennes mesures et de quelques mesures étrangères, en mesures métriques, ainsi que certains nombres et coefficients employés fréquemment dans les calculs. Les plus utiles se trouvent reproduits dans les formules ci-dessous.

On peut y appliquer soi-même les indications servant aux calculs qu'on a le plus habituellement à faire.

FORMULES DIVERSES D'ARITHMÉTIQUE, DE GÉOMÉTRIE ET DE MÉCANIQUE, PRÉPARÉES POUR L'USAGE DE LA RÈGLE.

48. *Partager un nombre* A *en parties* x, y, z.. *respectivement proportionnelles aux nombres* m, n, p. . . .

(Application au N° 25.)

On aura :

$$x = \frac{A \times m}{m + n + p};\ y = \frac{A \times n}{m + n + p};\ z = \frac{A \times p}{m + n + p}.$$

C'est-à-dire : chaque part est égale à la somme entière multipliée par le nombre proportionnel correspondant, et divisée par la somme des nombres proportionnels.

Quel doit être l'escompte a *d'une somme* A *payable dans* n *jours?* (Application au N° 25.)

Esc. à 6 °/₀.	Esc. à 5 °/₀.	Esc. à 4 1/2 °/₀.	Esc. à 4 °/₀.
$a = \frac{A \times n}{6000}$	$a = \frac{A \times n}{7200}$	$a = \frac{A \times n}{8000}$	$a = \frac{A \times n}{9000}$ (1).

(1) Dans ces formules, on s'est servi du diviseur 360, employé par les banquiers, au lieu de 365 ; avec ce dernier diviseur on aurait les dénominateurs suivants : 6083, 7300, 8111, 9125.

Que devient un capital A, *avec intérêts accumulés au taux de* k *p.* °/₀*; pendant* N *années?*

$$x = A\left(\frac{100+k}{100}\right)^N$$

On peut écrire encore $x = A \times \overline{1,0\,k}^N$.

Si $A = 1$, $k = 5$; on a : $x = \overline{1,05}^N$.

Quelqu'un place annuellement une somme a. *On demande quelle somme représenteront* n *annuités successives, avec intérêts accumulés, au taux de* k *p.* °/₀, *et au moment du dernier placement :*

$$A = a \times \frac{1,0k^n - 1}{0,0k}$$

Si $a = 1$; $k = 4\ 1/2$ et $n = 20$,

$$\text{on a } A = \frac{\overline{1,045}^{20} - 1}{0,045} = 31,38.$$

Application relative aux deux formules précédentes.

Quelqu'un emprunte, au 1er *janvier* 1856, *une somme de* 10,000f*; il doit se libérer au moyen de vingt annuités payables le* 31 *décembre de chaque année.*

On demande le chiffre de l'annuité; les intérêts composés étant calculés tant pour le capital que pour les annuités au taux de 4 °/₀.

Solution. Le capital 10,000f représentera avec les intérêts composés, au 31 décembre 1875, date du dernier versement, une somme égale à

$$10000 \times \overline{1,04}^{20} = 10000 \times 2,191 = 21910^f.$$

D'autre part, vingt annuités successives, chacune égale à 1, représentent au moment du dernier versement, c'est-à-dire à la même date 31 décembre 1875, une somme

$$\text{égale à } \frac{1,04^{20} - 1}{0,04} = \frac{1,191}{0,04} = 29,775.$$

L'annuité cherchée sera donc visiblement égale à

$$\frac{21910}{29,775} = 735^{f}\ 50.$$

Longueur de la circonférence, de diamètre d :

$$l = 3,14\ d = \frac{d}{0,318}$$

Longueur de l'arc de n degrés :

$$l = \frac{d \times n}{115}$$

Aire du cercle :

$$A = 0,7854\ d^{2} = \frac{d^{2}}{1,273}$$

Aire d'un secteur de n degrés : $A = \dfrac{d^{2}.\ n}{458}$

Aire d'un segment circulaire de n^{o} :

$$A = d^{2} \left(\frac{n}{458} - \frac{\sin. n}{8} \right)$$

Aire d'une ellipse dont les axes sont a et b :

$$A = \frac{a \times b}{1,273}$$

Surface de la sphère (égale à quatre fois celle d'un grand cercle) ;

$$A = 3,14 \times d^{2} = \frac{d^{2}}{0,318}$$

Surface d'une zône sphérique d'épaisseur e :

$$A = \frac{d \times e}{0,318}$$

Surface convexe d'un cylindre circulaire droit, de hauteur h :

$$A = \frac{d \times h}{0,318}$$

Surface convexe d'un cône circulaire droit, l'apothême étant a (Ne pas confondre l'apothême et la hauteur.)

$$A = \frac{d \times a}{0,636}$$

Volume du cylindre circulaire droit :

$$V = \frac{d^2 \times h}{1,273}$$

Volume du cône circulaire droit de hauteur h :

$$V = \frac{d^2 \times h}{3,82}$$

Volume de la sphère :

$$V = \frac{d^3}{1,91.}$$

Volume du tétraède régulier, de côté c :

$$V = \frac{c^3 \sqrt{2}}{12} = \frac{c^3}{8,49.}$$

Le cube est à la sphère inscrite, comme 6 : 3,1416.
La sphère est au cylindre circonscrit comme 2 : 3.

Polygones réguliers.

Soit r le rayon, h l'apothême, c le côté, s l'aire, n le nombre de côtés, et a le demi-angle au centre, égal à $\frac{180}{n.}$

On aura :

$$c = 2 \times r \times \sin. a; \; h = r \times \cos. a; \; h = \frac{c}{2 \text{ tang. } a.}$$

$$s = \frac{n \times r^2}{2} \times \sin. (2a) \qquad s = \frac{n \times c^2}{4. \text{ tang. } a}$$

De là le tableau suivant :

Nombre de côtés.	Côté en fonction du rayon.	Aire en fonction du rayon.	Aire en fonction du côté.
3	$1{,}732 \times r$	$1{,}299 \times r^2$	$0{,}433 \times c^2$
4	1,414	2	1
5	1,176	2,378	1,720
6	1	2,598	2,598
8	0,765	2,828	4,828
10	0,618	2,939	7,694
12	0,518	3	11,20
15	0,416	3,050	17,64
20	0,313	3,090	31,57

Vitesse acquise par un corps tombant d'une hauteur *h*. (Résistance de l'air négligée.)

$$v = \sqrt{19{,}62 \times h} = \sqrt{\frac{h}{0{,}051}}$$

Temps de l'oscillation d'un pendule simple, de longueur *l*.

$$t = \sqrt{\frac{l}{0{,}994}}$$

Approximation suffisante en pratique :

$t = \sqrt{l}$, d'où $l = t^2$ (Application N° 30.)

Valeur de la force centrifuge développée sur un corps de poids *P*, dans un mouvement circulaire dont la vitesse est *v*, le rayon de la circonférence décrite étant *r* :

$$F = 0{,}102 \frac{P v^2}{r}$$

Exemple :

Une locomotive pèse 24000k; elle tourne avec une vitesse de 18m dans une courbe circulaire dont le rayon est 560m.

On a : $F = 0{,}102 \times \frac{24000 \times \overline{18}^2}{560} = 1420^k$

Charge que peut supporter une barre prismatique encastrée d'un bout, et chargée à un mètre de l'encastrement.

Elle est donnée par les formules suivantes :

FORME DE LA SECTION.	FONTE.	FER.	CHÊNE ET SAPIN.
Rectangulaire.	$\frac{a\ b^2}{0,80}$	$a\ b^2$	$\frac{a\ b^2}{10}$

La dimension b, élevée au carré, est la dimension parallèle à la direction de l'effort.

Carrée......	$\frac{c^3}{0,80}$	c^3	$\frac{c^3}{10}$
Circulaire...	$\frac{d^3}{1,36}$	$\frac{d^3}{1,70}$	$\frac{d^3}{17}$ (1)

Dans ces formules, les dimensions a, b, c, d, sont exprimées en centimètres. (Application No 36.)

Si la barre est chargée à une distance l de l'encastrement, divisez la charge ci-dessus par cette longueur, *exprimée en mètres.*

Si la barre est simplement posée sur ses extrémités et chargée en son milieu, elle est en état de supporter une charge quadruple de la précédente.

Si elle est encastrée solidement des deux bouts et chargée en son milieu, elle peut supporter une charge huit fois plus grande que dans le premier cas.

Epaisseur à donner aux dents des roues d'engrenage, dans les circonstances habituelles :

Fonte : $e = \sqrt{\frac{P}{91}}$ (1) e épaisseur en centimètres à la circonférence primitive.

Aluchons : $e = \sqrt{\frac{P}{47,5}}$ P pression en kilog. à la circ. primitive.

Pression de la vapeur en kilogrammes, sur la surface d'un piston ou d'une soupape de sûreté.

$$P = \frac{d^2 . N}{1,233}$$

N pression en atmosphères.
d diamètre en *centimètres.*

(1) Tirées de *l'Aide Mémoire de Mécanique*, de M. le général Morin.

Soit $d = 45^{\text{cent.}}$ on a : $P = \dfrac{\overline{45}^2 \times 2{,}75}{1{,}233} = 4520_k$
$N = 2{,}75$

Travail de la détente de la vapeur pour un mètre cube, et par atmosphère de pression avant la détente :

$$Tr = 23786 \log. \frac{V}{v}$$

Le travail est exprimé en kilogrammètres ; $\dfrac{V}{v}$ indique le rapport des volumes après et avant la détente.

(Application au N° 40.)

CALCUL DU POIDS DES PIÈCES.

49. TABLEAU DES FORMULES A EMPLOYER.

(Détails et applications au N° 37.)

NATURE des CORPS.	Prismes droits.	Cylindres cir. droits.	Cônes cir. droits.	Sphères.	Cubes.
	$\dfrac{B.\ h.}{k}$	$\dfrac{d^2\ h.}{k}$	$\dfrac{d^2\ h.}{k}$	$\dfrac{d^3}{k}$	$\dfrac{c^3}{k}$
	Val. de k.	Val. de k	Val. de k	Val. de k.	Val. de k.
Fonte......	0,139	0,177	0,531	0,265	0,139
Fer forgé...	0,128	0,164	0,491	0,245	0,128
Plomb.....	0,088	0,112	0,337	0,168	0,088
Laiton.....	0,119	0,152	0,455	0,227	0,119
Pierre à bâtir ord.	0,481	0,612	1,836	0,918	0,481
Meulière...	0,400	0,509	1,528	0,764	0,400
Chêne.....	1,075	1,370	4,110	2,050	1,075

NOTA. Pour l'emploi des diviseurs ci-dessus, il faut que les dimensions des pièces dont on veut évaluer le poids soient exprimées en décimètres.

TABLE DES MATIÈRES.

Châlons, typographie de T. Martin.